365일 질리지 않는 두부, 콩나물, 달걀 요리 레시피

맛있는 두콩달

이미경 지음

상상출판

시스터키친의 착한 레시피북
『맛있는 두콩달』을 소개합니다

시스터키친은 김이 모락모락 나는 따끈한 밥 한 공기로
마음이 넉넉해지는 밥상, 살짝 허기가 져 잠이 깬 아침에 갓 지은
솥밥이 차려진 밥상, 밥투정하는 아이가 밥 달라고 아우성치게 만드는
엄마표 마술 밥상, 낯선 곳에서 우연히 만난 소박한 음식이
건네는 위로의 밥상에 열광하는 사람들의 맛있는 이야기로 가득한
구어메이 커뮤니티입니다. 요리연구가, 셰프, 여행가, 바리스타,
소믈리에, 사진가, 목장 주인, 한의사, 북 디자이너, 주부 등
다양한 직업만큼이나 색색의 입맛과 스타일을 지닌 미식가이자
식탐가인 이들이 시스터키친을 통해 맛깔스럽게 잔칫상을 차려냅니다.
『맛있는 두콩달』은 저렴한 가격에 365일 쉽게 구입할 수 있고
몸에도 좋은 건강 식재료 삼총사, 두부와 콩나물 그리고
달걀로 만든 일상 레시피북입니다.

시스터키친 www.sisterkitchen.co.kr

『맛있는 두콩달』은 구하기 어려운 재료로 스타일링에
잔뜩 힘을 준 집 밖 요리 대신 평범한 재료로 누구나 쉽게
따라 할 수 있는 일상 요리를 소개합니다. 늘 해 먹는 요리이지만
맛을 내기 어려운 두부, 콩나물, 달걀의 기본 레시피와 조리법에
더해 부재료를 살짝 바꾸면 근사한 요리가 되는 별미 레시피를
적절히 구성하였습니다. 또한 6개의 조리과정을 넘지 않고도
기본양념으로 쉽게 만들 수 있는 건강 요리 레시피를 엄선하였습니다.

시스터키친의 착한 레시피북
『맛있는 두콩달』 가이드

❶ 밥숟가락과 종이컵 계량법으로
  계량하였습니다.
  ▶12쪽 참조

❷ 대체 식재료를 표기하여 반드시
  그 재료가 없어도 집에 있는
  다른 재료를 활용할 수 있어
  요리의 폭이 넓어집니다.

❸ 요리연구가가 터득한 노하우를
  쿠킹 팁을 통해 공개합니다.

❹ 요리를 만들면서 따라 하기
  쉽도록 양념의 분량을 과정에서
  다시 한 번 소개하였습니다.

❺ 책을 보면서 따라 하기
  쉽도록 각각의 재료를 세로로
  나열하였습니다.

❻ 4개에서 6개를 넘지 않는
  조리 과정으로 구성하였으며,
  친절한 과정 사진이 모든
  요리에 소개되어 누구나
  쉽게 따라 할 수 있습니다.

Contents

Chapter 1

건강한 두부 요리 54

Chapter 2

맛있는 콩나물 요리 40

Chapter 3

만만한 달걀 요리 55

Cooking Note

두부, 콩나물, 달걀 요리를 만들기 전에
밥숟가락&종이컵 계량법, 재료 100g 어림치,
이 책에서 사용한 기본양념, 일상 요리의
단골 식재료인 두부, 콩나물, 달걀의 영양과
효능, 고르는 법, 보관법 등을 알아봅니다.

밥숟가락&종이컵 계량법

가루 재료 계량하기
소금, 설탕, 고춧가루, 후춧가루, 통깨…

 1은 밥숟가락으로 수북하게
떠서 위를 편평하게 깎은 양

 0.5는 밥숟가락 절반 정도의 양

 0.3은 밥숟가락 1/3 정도
담은 양

액체 재료 계량하기
간장, 식초, 맛술…

 1은 밥숟가락을 가득 채운 양

 0.5는 밥숟가락 절반 정도의 양

 0.3은 밥숟가락 1/3 정도
담은 양

장류 계량하기
고추장, 된장…

 1은 밥숟가락으로 수북하게
떠서 위를 편평하게 깎은 양

 0.5는 밥숟가락 절반 정도의 양

 0.3은 밥숟가락 1/3 정도 담은 양

종이컵으로 액체 재료 계량하기

 1컵은 종이컵에 가득 담은 양으로
200㎖에 조금 부족한 양

 1/2컵은 종이컵의 중간 지점에서
살짝 올라오도록 담은 양

기억해두세요!

1.5는 한 숟가락+반 숟가락. **약간**은 엄지와 검지로 소금이나 후춧가루를 집을 수 있는 정도의 소량. 약간이라 표기되어 있어도 입맛에 맞게 간을 조절하세요.

한눈에 보이는 계량법

주요 식재료 100g 어림치

주요 식재료의 100g을 눈대중 계량법으로 익혀두면 하나하나 계량하지 않아도 되어 요리하기가 쉬워요. 주요 식재료의 100g 어림치를 소개합니다.

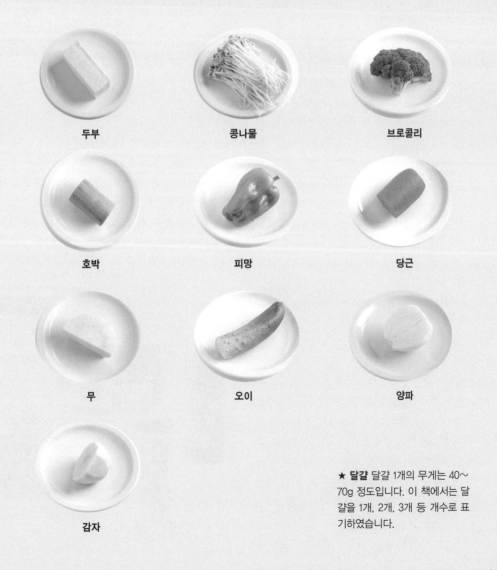

두부   콩나물   브로콜리

호박   피망   당근

무   오이   양파

감자

★ **달걀** 달걀 1개의 무게는 40~70g 정도입니다. 이 책에서는 달걀을 1개, 2개, 3개 등 개수로 표기하였습니다.

두콩달에서 사용한 기본양념

깊은 맛의 기본, 장류

❶ 간장

종류나 명칭이 다양하여 요리 초보를 힘들게 하는 간장. 조선간장, 국간장, 청장, 집간장은 집에서 만든 간장을 부르는 명칭이다. 집간장은 맑고 짠맛이 강한 편이라 주로 국이나 찌개 양념에 사용한다. 시판 간장으로는 국간장, 양조간장, 진간장, 조림간장, 향신간장 등이 있다. 양조간장과 진간장은 진하면서 단맛과 감칠맛도 나 조림, 볶음, 구이 등에 다양하게 이용된다. 특히 양조간장은 진간장에 비해 맛이 담백하고 가벼워 조림, 볶음 등에 주로 쓰고 겉절이나 드레싱을 만들 때도 즐겨 쓴다. 진한 맛을 원할 때에는 진간장을 사용하면 된다.

❷ 된장

전통 방식의 한식 메주된장과 개량식 메주된장으로 만들어 구수함과 부드러운 맛이 잘 어우러져 깊은 맛이 나는 제품을 주로 사용하고 있다. 된장찌개, 매운탕에도 잘 어울리고 나물 요리에 넣으면 깊은 맛이 난다. 또 집에서 직접 담가 먹기도 하는데, 집된장은 약간 탁한 맛과 짠맛이 강해 시판 된장과 섞어서 사용하기도 한다.

❸ 고추장

고추장 본연의 맛깔스러운 빛깔과 맛있게 매운맛을 느낄 수 있는 우리 쌀로 만든 태양초 고추장을 즐겨 쓴다. 재래식 고추장의 빛깔을 띠면서도 고추장의 달고 텁텁한 맛이 없는 게 특징. 매운맛의 정도에 따라 순한 맛, 덜 매운 맛, 보통 매운맛, 매운맛, 매우 매운맛 5가지 맛으로 나뉘어 있어 선택의 폭이 다양하다.

맛의 기본, 소금과 설탕

❹ 천일염

소금은 김치를 절일 때 사용하는 호염(천일염), 일반적인 굵기의 꽃소금, 맛을 가미한 맛소금, 그 외에 다양한 기능을 첨가한 기능성 소금 등이 있는데 다양한 요리에 가장 편하게 사용할 수 있는 소금은 천일염 중 요리용으로 만든 중간 입자를 사용한다. 천일염 특유의 깔끔하고 자연스러운 맛이 음식의 풍미를 살려준다.

❺ 흰 설탕

요리의 색에 따라 흰 설탕과 황설탕, 흑설탕을 가려 쓰는 지혜도 필요하다. 사탕수수에서 추출한 원당을 정제하여 만든 흰 설탕은 설탕의 제조 과정에 가장 먼저 만들어지는 순도가 높은 깨끗한 설탕이다. 약밥이나 수정과 등의 색깔 있는 요리가 아니라면 흰 설탕은 대부분의 요리에 두루두루 쓸 수 있다.

기본 양념

❻ 고춧가루

가을 햇볕에 직접 말린 태양초를 이용하면 빛깔도 좋고 매운맛도 잘 살지만 직접 말린 고춧가루가 없을 때에는 구입하여 사용하고 있다. 경북 영양 고추를 100% 사용해 만든 고춧가루를 즐겨 쓰는데 빛깔이 곱고 매운맛이 적당하며 양념용과 김치용 2가지가 있어 용도에 따라 나눠 사용할 수 있다. 고춧가루는 더운 여름철에는 냉장고에 보관해야 고운 빛깔과 맛을 잃지 않는다.

❼ 식초

곡물식초, 과일식초 등 다양한 식초가 있는데, 깔끔하고 상큼한 맛이 나 여러 가지 요리에 다양하게 넣을 수 있는 사과식초를 즐겨 쓴다. 신맛이 강하고 물이 생기지 않게 요리하는 무침류에는 2배식초, 3배식초 등을 이용하면 좋다.

❽ 참기름

참깨를 구입해 방앗간에서 직접 짠 참기름과 시판 참기름을 함께 쓰고 있다. 시판 참기름은 100% 참깨만을 사용해 은근한 온도에서 오랫동안 볶아 고소한 맛이 진한 제품을 즐겨 쓴다.

❾ 요리당

흐름성이 좋아 사용이 편리하고 요리할 때 잘 타지 않고 윤기가 돌며 식어도 잘 굳지 않는 요리당. 볶음용, 조림용 외에 고기를 재울 때나 생선 요리에도 활용한다.

소스류

❿ 참치 한스푼

순살 참치액에 버섯, 양파, 마늘, 생강 등의 재료로 맛을 낸 소스. 참치 특유의 맛은 나지 않으며 국물 요리나 무침, 볶음 요리에 한두 숟가락 넣으면 감칠맛이 난다. 액상 타입이라 나물 요리에도 쉽게 사용할 수 있다.

⓫ 원물산들애 쇠고기

쇠고기와 무, 양파, 표고버섯 등 원물로만 만든 맛내기로 국이나 탕 요리에 넣는다. 따로 육수를 내지 않아도 되어 간편하다.

⓬ 굴소스

굴 추출물로 만든 굴소스는 중국 요리뿐만 아니라 한식에도 잘 어울린다. 볶음, 조림, 구이, 덮밥 요리 등에 활용할 수 있고 기호에 따라서 매운맛 굴소스를 사용한다.

⓭ 캡사이신 소스

밀양의 청양고추와 고추의 매운맛 성분인 캡사이신으로 만든 화끈하게 매운 소스. 칼칼하면서도 텁텁하지 않아 깔끔하게 매운맛을 내는 요리에 사용하면 좋다. 단, 고추의 매운맛만을 모아 만든 제품이기 때문에 식성에 따라 적당한 양만 넣는다.

매일 먹고 싶은 슈퍼푸드
두부 이야기

두부의 영양

두부에는 단백질과 몸에 좋은 필수지방산이 풍부해 예부터 채식을 하는 승려나 인도의 채식주의자들이 부족한 영양을 보충하기 위해 즐겨 먹었다. 두부를 먹으면 원료가 되는 콩의 기능성 성분 덕분에 골다공증, 고혈압 예방, 콜레스테롤 감소, 항암 등의 효과를 기대할 수 있다. 게다가 만드는 과정을 통해 65%인 콩의 낮은 소화율이 95% 가량으로 상승하고 칼슘 함유량이 늘어나는 등 건강식품으로 손색이 없다.

두부는 함께 조리하는 식재료에 따라 공급되는 영양분도 다양한데 육류와 함께 요리하면 콜레스테롤과 포화지방산의 양을 낮추고 필수지방산과 비타민 E를 공급한다. 채소와 함께 조리하면 양질의 단백질을 보충해주고 밥이나 국수에 더하면 단백질, 복합 비타민 B류를 공급해 영양적 균형을 잡아준다. 짠 음식에 첨가하면 고혈압의 원인이 되는 나트륨 섭취를 줄여주고 아이소플라본 등 다양한 생리활성 물질이 성인병 예방에 도움을 준다.

두부의 종류

부침 · 찌개용 두부

찌개나 조림 등을 만들 때 사용하는 두부로 끓인 두유에 간수나 응고제를 넣어 천을 깐 두부틀에서 물기를 짜내 굳힌 것이다. 두부 중에서는 수분의 함량이 85% 정도로 가장 적지만 콩을 많이 사용해 단백질을 비롯한 영양 성분이 매우 풍부하다. 굳히는 정도에 따라서 부침용과 찌개용으로 나뉜다.

생식용 두부

두유에 응고제를 넣은 후 압착하는 과정 없이 굳히기만 해서 만든 비압착식 두부다. 두부 표면이 매끄러우며 질감은 마치 푸딩처럼 부드럽다. 생식용 두부는 씻거나 익힐 필요 없이 그대로 먹는다.

연두부

두유에 응고제를 넣은 후 굳히지 않고 용기에 넣어 바로 찐 것으로 맛이 담백하고 부드럽다. 주로 샐러드나 이유식을 만들 때 사용한다.

순두부

두유를 끓인 다음 응고제를 넣고 멍울이 진 것을 굳히지 않은 두부를 말한다. 두부 중에서 수분의 함량이 가장 많아 질감이 부드럽고 맛이 고소하다. 순두부에 우유를 넣고 갈면 새로운 맛의 콩국물이 된다. 그런데 순두부는 개봉한 다음 곧바로 먹는 것이 좋다.

두부 보관법

두부는 수분이 많아 쉽게 상하기 때문에 사온 즉시 냉장 보관하는 것이 좋다. 두부의 고소한 맛을 그대로 유지하려면 수분이 있어야 하므로 두부를 밀폐용기에 담고 찬물을 부어 보관한다. 매일 깨끗한 물로 바꿔주면 최소한 이틀 정도는 신선하게 보관할 수 있다. 또 손님상이나 제사상을 치르고 난 후 두부가 많이 남았을 때에는 기름에 지져 냉동 보관하는 것이 현명하다. 냉동 두부는 해동하여 된장찌개에 넣거나 조려 먹을 수 있다.

손두부용 콩 고르는 법

가정에서 손두부를 만들 경우에는 반드시 국산 콩을 사용해야 한다. 국산 대두는 껍질이 얇고 깨끗하며 윤기가 많이 난다. 낱알의 굵기가 고르지 않고 눈 모양이 회색, 황색, 미색 등의 타원형이며, 그 속에 一자형의 갈색 또는 미색 선이 있다. 반대로 수입 대두는 껍질이 두껍고 지저분하며 윤택이 적다. 낱알의 굵기가 고른 편이며, 눈 모양이 미국산은 검은색 타원형이고

중국산은 희미한 흔적만 보인다.

검은콩의 경우 국산은 낱알이 굵고 둥글둥글하며 눈 모양은 회색의 타원형이며, 그 속에 一자형의 갈색 선이 뚜렷하다. 반대로 수입 검은콩은 낱알이 작고 둥글넓적하며 손상된 낱알이 많이 섞여 있는 편이다. 눈 모양은 회색의 타원형이며, 그 속에 一자형의 갈색 선이 희미하게 보인다.

간수 이야기

두유라고 말하는 콩물이 몽글몽글 덩어리가 엉기는 것은 간수 때문이다. 간수는 습기 찬 소금에서 저절로 녹아 흐르는 짜고 쓴 물로 주성분은 염화마그네슘이다. 어떤 간수를 쓰느냐에 따라 두부 맛이 차이가 나는데 요즘은 두부를 만들 때 대부분 천연 간수가 아닌 두부 응고제를 쓴다.

과정이 번거롭긴 하지만 집에서 직접 간수를 만들어볼 수 있다. 밑에 구멍이 있는 통에 국산 천일염을 80% 정도 채우고 하루 두세 번 골고루 물을 뿌리거나 분무기로 분무한 뒤 하루 정도 놔두면 밑으로 간수가 떨어진다. 2㎏ 분량의 소금에 물 2컵을 부으면 1컵 정도의 간수를 얻을 수 있다.

냉동 두부조림

주재료 기름에 지져 냉동한 두부 4장, 꽈리고추 5개
조림장 재료 간장 2, 설탕 0.5, 맛술 1, 고춧가루 0.3, 물 1/2컵

만드는 법
❶ 두부는 손가락 두께로 굵게 썬다.
❷ 꽈리고추는 꼭지를 떼고 큰 것은 반으로 썬다.
❸ 냄비에 조림장 재료를 모두 넣어 끓이다가 두부를 넣어 끓인다.
❹ 국물이 자작해지면 꽈리고추를 넣어 조린다.

Tip
지진 두부는 먹다 남으면 냉동 보관했다가 사용해도 되고
냉동 두부가 없다면 두부를 지져서 사용한다.
냉동 두부는 부드러운 맛보다는 쫄깃한 맛으로 먹는다.

집에서 만드는 손두부

재료 대두 150g, 물 1.2ℓ, 간수 2/3컵(또는 두부 응고제 1+물 2/3컵)

만드는 법

❶ 콩 고르기

손두부에 적당한 콩을 고른다. 우선 잡티를 제거하고 벌레 먹은 것이나 부서진 것을 잘 골라낸다. 검은콩을 고를 때는 밑에 하얀 종이를 깔면 잡티를 골라내기 쉽다. 두부를 만들 때에는 주로 백태(흰콩, 메주콩)를 사용하는데 때로 검은콩을 쓰기도 한다.

❷ 콩 불리기

콩을 깨끗이 씻은 다음 깨끗한 물에 보통 8시간 정도 불리는데 겨울에는 약 10시간, 봄이나 가을에는 8시간, 여름에는 7시간 정도면 된다. 두부를 만들기 전날 밤에 콩을 물에 담가놓으면 다음 날 아침에 적당하게 불어 있다.

❸ 불린 콩 갈기

믹서에 콩과 물을 넣고 간다. 이때 콩 불린 물을 넣으면 좋다. 갈아놓은 콩의 입자는 손으로 만져보아 까끌거리는 것이 없을 정도로 곱게 간다. 여러 번 반복해서 갈아야 입자가 고와져 부드러운 두부를 만들 수 있다.

❹ 콩물 거르기

갈아놓은 콩을 망이 촘촘한 거름망에 거르거나 면포에 넣고 꼭꼭 주물러가면서 짠다. 콩물을 걸러내고 남은 찌꺼기가 '비지'이고 아래로 떨어지는 물이 '두유'인데 두유를 이용해 두부를 만든다. 비지로는 찌개나 부침개 등을 만들어 먹으면 고소하고 맛있다.

❺ 두유 끓이기

두유를 바닥이 두꺼운 큰 냄비에 넣고 끓인다. 두유 양의 3배 정도 되는 용량의 냄비나 찜통을 사용해야 두유가 끓어도 넘치지 않는다. 두유는 순식간에 끓으므로 반드시 옆에 지켜서 두유가 눌어붙지 않도록 계속 젓는다. 처음에는 센 불에서 끓이다가 한소끔 끓으면 불을 줄여 은근하게 끓인다.

❻ 응고제 넣기

응고제를 물에 타서 두세 번에 걸쳐 나누어 넣으면서 젓는다. 응고제를 한꺼번에 다 넣으면 일부분만 응고되므로 골고루 섞이도록 조금씩 나누어 넣는 것이 중요하다. 응고제를 너무 많이 넣으면 두부가 딱딱해지므로 적당한 양을 넣는다.

❼ 순두부 상태

두유에 응고제를 넣은 다음 주걱으로 살살 저으면 몽글몽글하게 응고되기 시작한다. 이것이 '순두부'다.

❽ 틀에 부어 모양 만들기

물이 잘 빠지는 틀에 베보자기를 깔고 그 위에 만들어놓은 순두부를 붓는다. 순두부가 넘치지 않도록 조심스럽게 부어야 하는데 틀을 살살 흔들어가면서 부으면 물이 빠진다. 두부 위에 무거운 것을 올려놓고 물기를 뺀다.

건강한 식재료 탐구
콩나물 이야기

콩나물의 영양

콩나물은 콩을 원료로 만든 것이라 콩과 영양 성분이 비슷하기도 하지만 콩이 발아되어 생장하는 과정에서 체내 대사가 이루어짐으로써 영양 성분이 상당히 달라진다. 즉 생장 과정에서 지방은 현저히 감소되고 섬유소와 비타민은 증가하는데 특히 비타민 C는 콩에는 전혀 없는데 콩나물에는 다량 생성되는 점이 이채롭다. 콩나물 100g에 들어 있는 비타민 C의 양은 13㎎으로 사과에 함유되어 있는 비타민 C의 3배이며 성인이 하루에 필요로 하는 비타민 C의 1/4분에 해당된다. 즉 콩나물은 콩의 영양가가 한층 강화된 식재료다.

콩나물은 부분별로 가진 영양 성분도 차이가 나는데 콩나물 머리에는 단백질·지방·비타민 C, 콩나물 줄기에는 당분·섬유소·비타민 C, 콩나물 뿌리에는 아스파라긴산·섬유소·비타민 C가 많이 들어 있다. 이렇듯 콩나물은 비타민 C의 보고이지만 가열 조리 중에 파괴되기 쉬우므로 조리에 신경을 써야 한다. 조리할 때 콩나물의 비타민 C의 파괴를 방지하기 위해서는 소금물에 익히고 가열하는 시간을 2~3분 정도로 짧게 하는 것이 좋다.

짤막 정보

대표적인 콩나물 요리
전주 콩나물 국밥

전주의 한정식, 비빔밥과 더불어 3대 진미로 손꼽는 음식이다. 개화기 때 잡지인 '별건곤(1929년)'은 전주 콩나물 국밥을 서울의 설렁탕, 평양의 어복쟁반과 함께 서민들의 3대 명물 음식으로 꼽았으며 육당 최남선의 '조선상식문답'에도 우리나라 10대 지방 명식 중 하나로 선정되었다. 끓이는 방법에 따라 전주 콩나물 국밥은 두 종류로 나뉘는데 뚝배기를 펄펄 끓이는 일반식과 끓이지 않는 남부시장식이 있다. 일반적인 콩나물 국밥은 뚝배기에 밥과 콩나물을 넣고 갖은 양념을 곁들여 펄펄 끓여 만든 것으로 날달걀이 뚝배기에 얹어 나오는 것이 특징이다. 처음에는 무척 뜨거워 먹기 불편하지만 식으면서 구수한 맛을 낸다. 남부시장식은 현재 전주 콩나물 국밥의 주류를 이루고 있는 것으로 뚝배기에 밥과 삶은 콩나물을 넣고 뜨거운 육수를 부어 말아 내는 것을 말하며, 별도로 밥공기에 달걀을 흰자만 살짝 익혀 내놓은 것이 특징이다. 이 달걀은 김을 잘게 부숴 넣은 국밥의 국물을 넣어 비벼 먹는데 콩나물 국밥에 부족한 단백질을 보충하는 효과가 있다고 한다. 일반 콩나물 국밥에 비해 국물의 온도가 뜨겁지 않아서 먹기 좋으며 시원하고 개운한 맛을 낸다.

콩나물의 종류

일반 콩나물

국, 밥, 나물 등에는 일반적인 콩나물을 사용하는 것이 좋다. 햇볕에 노출되면 콩나물 머리가 녹색으로 변하기 쉬우니 검은 봉지에 담아 보관하거나 면포 등을 덮어둔다. 꼬리는 시들해지면 지저분해 보일 수 있으니 다듬어 요리한다.

찜용 콩나물

해물을 이용한 탕이나 찜을 만들 때에는 몸통이 통통한 찜용 콩나물을 사용한다. 머리와 꼬리를 떼고 줄기 부분만 넣고 찜이나 탕을 끓이면 시원한 맛이 난다.

콩나물 보관법

콩나물은 빛에 노출되면 녹색으로 변하기 쉬우니 밀폐용기에 담거나 일반 봉지에 담아 냉장 보관한다. 봉지 안에서도 위쪽에는 수분이 없어 상하지 않은 듯 보여도 시간이 지나면 봉지 아래쪽의 수분으로 인해 상하기 쉬우니 오래 보관하지 않는다.

tip 콩나물이 좋아하는 환경

생장 중인 콩나물은 반드시 빛이 통하지 않도록 해야 하지만, 그와 동시에 호흡을 해야 생장하므로 공기가 통하지 않으면 부패하거나 부족한 통기로 인해 좋지 못한 냄새가 나기도 하므로 환기를 고려하며 어둠을 유지해야 한다. 따라서 검정 비닐봉투로 뒤집어 싸거나 밀폐하는 것은 좋지 않고 재배 용기 바닥의 구멍을 통하여 공기가 흐를 수 있도록 재배 용기를 가능하면 올록볼록한 면을 가진 받침대 위에 올려놓는 것이 좋다. 콩나물은 2~3일까지는 매우 더디게 생장하지만 그 이후부터는 조금씩 생장 속도가 빨라지며 5~6일이 되면 매우 빠른 속도로 자란다.

자료·농촌진흥청

집에서 길러 먹는 콩나물

재료 : 대두 200g

❶ 용기 준비하기

물이 잘 빠지는 용기를 준비한다. 소쿠리가 일반적으로 사용하기 쉬우나 음료수 캔 바닥에 구멍을 뚫거나 혹은 유리병 마개 부분에 망사를 대고 고무줄로 고정한 것도 물을 주고 뒤집어 세우면 사용이 가능하다.

❷ 씨 뿌리기

콩 종자 200g(나중에 약 5~6배의 생체중을 얻을 수 있으니 마른 종자 200g이면 1.0~1.2kg 정도의 콩나물을 얻는다)을 종자가 완전히 잠기고 잠긴 부분만큼 물이 남을 정도의 충분한 물에 3~4시간 담근다. 물에 담가두는 시간은 하룻밤 정도까지는 가능하지만 지나치게 오래 두면 싹 트는 활력이 떨어지므로 너무 오래 담그는 것은 좋지 않다.

❸ 물 주기

하루 5~6번 정도 미지근한 물을 충분히 준다. 수돗물에서도 잘 자라므로 굳이 끓여 식힐 필요는 없고 수돗물을 받아 어느 정도 상온에 두어 온도를 올리고 염소기가 빠져나가면 사용하는 것이 좋다. 물의 온도가 높으면 빨리 자라기는 하지만 부패하기 쉽고 물 온도가 낮으면 생장 속도가 늦어진다. 물 주는 양은 자라는 콩나물 몸체에 붙어 있는 각종 유기물이 잘 씻겨 내려갈 정도로 충분히 주는 것이 좋다.

물을 자주 주지 않으면 약 4~5일 후에 잔뿌리가 나기 쉬우므로 주의한다. 하루 5~6번 정도 물을 주기 어렵다면 최소한 하루 3~4번 정도(아침 일찍, 점심 식사 시, 저녁 식사 시, 취침 전)는 반드시 주어야 한다.

365일 친근한 식재료
달걀 이야기

달걀의 영양

달걀은 모든 영양소가 골고루 들어 있는 완전식품이다. 성장기 어린이들에게 양질의 단백질을 공급하는 좋은 식품으로 단일 식품으로는 영양가가 가장 뛰어나다고 할 정도로 필수아미노산인 라이신과 메티오닌, 트립토판 등이 고루 들어 있다. 달걀노른자에 들어 있는 레시틴 성분은 콜레스테롤의 흡수를 방해하여 콜레스테롤의 수치가 올라가는 것을 막아주고 간에 쌓이기 쉬운 지방을 막아주는 효과도 있다.

달걀의 색깔에 따라 영양 성분이 차이가 있을 거라 생각하는 사람도 있는데, 황색 달걀이나 흰색 달걀은 닭의 품종에 따른 차이일 뿐 영양에서는 차이가 없다. 참고로 우리 국민의 1인당 달걀 소비량은 268개라고 한다 (2023년 기준).

달걀과 함께 먹으면 좋은 식재료

비타민 C가 풍부한 당근과 브로콜리
달걀에는 비타민 C가 부족하므로 비타민 C가 풍부한 당근이나 브로콜리, 부추, 피망 등의 채소와 함께 조리하면 좋은데 당근이나 브로콜리를 다져 달걀찜을 하거나 오믈렛을 만든다.

알칼리성 식품인 두부, 과일
달걀은 산성 식품으로 알칼리성 식품인 두부나 과일과 함께 섭취하면 좋다.

달걀 보관법

달걀은 기실이 있는 둥근 부분을 위로 해서 보관해야 노른자가 정중앙에 안정된 형상을 유지하고 호흡할 수 있다. 달걀 껍질에는 기유라고 불리는 작은 구멍이 있어 냄새를 쉽게 흡수하므로 냄새가 강한 식품과 함께 보관하지 않는다. 상온에서는 3주간 보존이 가능한데 냉장고에 넣어두면 보존 기간이 훨씬 길어진다. 단, 달걀의 맛을 충분히 살리려면 구입해서 냉장 보관하고 일주일 이내에 먹는 것이 좋다. 일단 껍질을 깨면 노른자가 흰자의 항균 작용을 받을 수 없게 되어 미생물이 급격히 번식하기 쉬우므로 껍질을 깬 것은 오래 두지 말아야 한다.

달걀의 권장 유통기간

포장 후의 냉장 보관 온도	0~10℃	10~20℃	20~25℃	25~30℃
권장 유통기간	35일	21일	14일	7일

자료·산란계자조금위원회

달인의 달걀 요리 팁

❶ 부드러운 스크램블 만들기

달걀은 잘 풀어 마요네즈를 약간 넣어 섞고 팬에 식용유를 넉넉히 두르고 센 불에서 거품기로 재빨리 저으면 보슬보슬하면서 부드러운 맛의 스크램블을 만들 수 있다.

❷ 매끈한 황백 지단 부치기

달걀의 흰자와 노른자를 나누어 지단을 부칠 때에는 소금을 넣어 잘 풀어 중간 불로 부치면 매끈한 황백 지단을 부칠 수 있다. 지단은 냉동 보관했다가 사용해도 좋으니 조금씩 필요할 때에는 냉동 보관한다.

❸ 달걀은 요리 직전에 넣기

달걀을 미리 깨어놓으면 세균이 증식하기 쉬우므로 가급적 요리하기 직전에 깨서 사용하는 것이 좋다.

❹ 한 냄비에서 달걀 완숙과 반숙 삶기

냄비에 완숙으로 익힐 달걀을 넣고 달걀이 잠길 정도로 물을 충분히 붓고, 반숙으로 익힐 달걀은 머그나 내열 용기에 넣고 그 안에도 잠길 정도로 물을 부어 냄비에 함께 넣고 15분 정도 삶는다.

머그 바깥의 달걀을 익히는 물의 온도와 머그에 한 단계 걸쳐서 삶아지는 달걀 온도가 달라 한 냄비에서 동시에 완숙과 반숙으로 삶을 수 있다.

❺ 냉장고에서 꺼낸 달걀은 바로 삶지 않기

냉장고에서 꺼낸 차가운 달걀을 바로 삶으면 온도 차로 인해 깨질 수도 있으니 실온에 두어 냉기가 가시면 삶는다. 또 삶은 달걀은 바로 찬물에 담갔다가 껍질을 벗겨야 잘 벗겨진다. 달걀 껍질과 달걀 속의 온도 차로 인해 껍질을 벗기기 쉽다.

❻ 달걀노른자가 가운데로 가도록 삶기

삶은 달걀을 반으로 잘랐을 때 달걀노른자가 가운데에 있으면 더 맛있어 보인다. 달걀을 삶고 1~2분이 지날 때까지 나무젓가락으로 달걀을 한 방향으로 굴리면 달걀노른자가 가운데로 간다.

❼ 실패하지 않는 달걀 프라이

달걀 프라이를 맛있게 하려면 약한 불로 서서히 익힌다. 센 불로 부치면 기포가 생기거나 가장자리가 타기 때문이다.

철 없는 식재료 두부, 콩나물, 달걀과 함께 하면 좋은

철 있는 식재료 달력

제철에 난 식재료를 중심으로 밥상을 차려 정해진 시간에 꼬박꼬박 먹고 운동까지 곁들이면 백세 무병장수를 꿈꿔도 된다. 두부와 콩나물, 달걀은 일 년 내내 구하기 쉽고 다양한 요리를 만들어 먹을 수 있고 철이 따로 없는 식재료이므로 제철 식재료와 함께 먹는 지혜가 필요하다. 그래서 두부, 콩나물, 달걀과 함께 먹으면 좋을 제철 식재료를 열두 달 달력으로 만들었다.

 봄

3월

Vegetable 냉이, 달래, 돌나물, 두릅, 머위, 봄동, 상추, 쑥, 쑥갓, 원추리, 얼갈이배추, 열무
Seafood 가자미, 굴, 김, 꼬막, 도미, 모시조개, 미역, 바지락, 병어, 조기, 주꾸미, 키조개, 톳, 파래
Fruit 귤, 딸기, 레몬

4월

Vegetable 냉이, 돌나물, 두릅, 봄동, 부추, 상추, 시금치, 쑥, 쑥갓, 아스파라거스, 양배추, 양상추, 얼갈이배추, 열무, 죽순, 취나물
Seafood 꽃게, 도미, 멸치, 모시조개, 바지락, 병어, 주꾸미, 키조개
Fruit 딸기, 레몬, 살구

5월

Vegetable 마늘, 부추, 상추, 양배추, 양파, 얼갈이배추, 열무, 파
Seafood 갑오징어, 고등어, 꽁치, 꽃게, 넙치, 도미, 멍게, 멸치, 병어, 오징어, 잔새우, 전복, 주꾸미, 참치,

키조개
Fruit 딸기, 레몬, 앵두, 자두, 체리

 여름

6월

Vegetable 감자, 근대, 깻잎, 껍질콩, 마늘, 부추, 상추, 셀러리, 시금치, 애호박, 양배추, 양파, 얼갈이배추, 오이, 옥수수, 파프리카, 풋콩
Seafood 고등어, 민어, 병어, 삼치, 오징어, 전갱이, 전복, 조기
Fruit 매실, 복분자, 복숭아, 블루베리, 살구, 수박, 앵두, 오디, 자두, 참외

7월

Vegetable 근대, 깻잎, 노각, 도라지, 부추, 브로콜리, 상추, 셀러리, 애호박, 양배추, 오이, 옥수수, 토마토, 파프리카, 피망
Seafood 갈치, 갑오징어, 광어, 오징어, 장어, 홍어
Fruit 멜론, 복분자, 복숭아, 블루베리, 수박, 아보카

도, 참외, 포도

8월

<u>Vegetable</u> 근대, 깻잎, 노각, 도라지, 부추, 브로콜리, 상추, 셀러리, 애호박, 오이, 옥수수, 토마토, 파프리카, 피망

<u>Seafood</u> 갈치, 성게, 오징어, 장어, 전복

<u>Fruit</u> 멜론, 복숭아, 수박, 참외, 포도

가을

9월

<u>Vegetable</u> 고구마, 고추, 깻잎, 당근, 부추, 오이, 옥수수, 토란, 토마토, 표고버섯, 호박

<u>Seafood</u> 갈치, 꽃게, 새우, 연어, 오징어, 장어, 전어, 조기

<u>Mushroom</u> 느타리버섯, 표고버섯 등의 버섯류

<u>Fruit</u> 무화과, 배, 사과, 석류, 포도

10월

<u>Vegetable</u> 고구마, 당근, 대파, 무, 배추, 부추, 순무, 쪽파, 호박

<u>Seafood</u> 가자미, 갈치, 고등어, 광어, 굴, 꽁치, 꽃게, 대하, 대합, 삼치, 소라, 전어, 청어, 홍합

<u>Mushroom</u> 느타리버섯, 송이버섯, 표고버섯 등의 버섯류

<u>Fruit</u> 감, 대추, 모과, 밤, 배, 사과, 석류, 오미자, 유자, 은행, 잣

11월

<u>Vegetable</u> 당근, 대파, 무, 배추, 연근, 우엉, 쪽파, 호박

<u>Seafood</u> 갈치, 고등어, 광어, 굴, 김, 꼬막, 꽁치, 꽃게, 대구, 대하, 대합, 모시조개, 문어, 미역, 바지락, 삼치, 생태, 소라, 전어, 키조개, 톳, 파래, 홍합

<u>Mushroom</u> 송이버섯, 표고버섯, 느타리버섯 등의 버섯류

<u>Fruit</u> 감, 대추, 모과, 사과, 석류, 오미자, 유자, 은행, 잣, 키위

겨울

12월

<u>Vegetable</u> 당근, 무, 배추, 산마, 시금치, 시래기, 연근, 콜리플라워

<u>Seafood</u> 가자미, 갈치, 고등어, 광어, 굴, 김, 꼬막, 낙지, 넙치, 대구, 모시조개, 문어, 미역, 바지락, 방어, 복어, 삼치, 새우, 생태, 영덕게, 키조개, 톳, 파래, 홍합

<u>Fruit</u> 귤, 키위

1월

<u>Vegetable</u> 당근, 무, 시금치, 연근, 우엉

<u>Seafood</u> 갈치, 고등어, 굴, 김, 꼬막, 낙지, 대구, 동태, 모시조개, 문어, 미역, 민어, 바지락, 병어, 삼치, 새우, 생태, 키조개, 톳, 파래, 홍합

<u>Fruit</u> 귤

2월

<u>Vegetable</u> 냉이, 달래, 당근, 미나리, 시금치, 연근, 우엉, 움파

<u>Seafood</u> 고등어, 광어, 굴, 김, 꼬막, 낙지, 다시마, 대구, 동태, 모시조개, 미역, 바지락, 삼치, 생태, 전복, 키조개, 톳, 파래, 홍합

<u>Fruit</u> 귤, 레몬

냉장 · 냉동 식품의 보존 기간

옛날 곳간과 텃밭을 대신하는 냉장고는 뭐든지 넣어두기만 하면 영원히 보존할 수 있는 요술 상자가 아니다. 냉장고에 넣든 냉동실에 넣든 식품의 보존 기간은 존재한다. 건강한 밥상을 차리려면 냉장고와 냉동고를 똑똑하게 이용해야 한다. 그래서 알아두면 좋을 냉장과 냉동 식품의 보존 기간을 소개한다.

냉장 식품

육류　다진 고기 1일
　　　닭고기 1일
　　　두툼한 쇠고기나돼지고기 1~2일
　　　베이컨 3~4일
　　　삼겹살 1~2일
　　　소시지 3~4일
　　　얇게 썬 쇠고기나돼지고기 1~2일
　　　햄 3~4일

해산물　명란젓 1주
　　　모시조개 1~2일
　　　바지락 1~2일
　　　새우 1~2일
　　　생선 1~2일
　　　오징어 1~2일
　　　키조개 1~2일
　　　토막 낸 생선 1~2일

채소　가지 3~4일
　　　감자 1주 *1개월(실온 보관)
　　　단호박 4~5일(자른 것) *2~3개월(실온 보관)
　　　당근 4~5일
　　　대파 1주
　　　마 1주(자른 것) *1개월(실온 보관)
　　　무 4~5일
　　　배추 1개월(통배추), 3~4일(자른 것)

부추 3~4일
브로콜리나콜리플라워 2~3일
생강 1주
시금치 3~4일
애호박 3~4일
양배추 2주
양상추 3~4일
양파 1주 *1~2개월(실온 보관)
오이 3~4일
옥수수 3~4일
우엉 1주
콩나물 1~2일
토마토 3~4일
풋콩 2~3일
피망 1주
허브 2~3일

과일　딸기 2~3일
　　　레몬 2주
　　　멜론 1~2일
　　　무화과 1~2일
　　　배 7~10일
　　　사과 1~2주
　　　수박 1~2일
　　　오렌지 1개월
　　　파인애플 1~2일(자른 것) *3~4일(실온 보관)
　　　포도 2~3일

기타	달걀 5주		무 1개월
	두부 2~3일		부추 1개월
	마가린 2주		브로콜리콜리플라워 1개월
	밤 2주		생강 1개월
	밥 1일		숙주나물 2주
	버섯 1주		시금치 2~3주
	버터 2주		애호박 2주
	생크림 1~2일		양배추 1~2주
	요구르트 2~3일		양파 1개월
	우유 2~3일		옥수수 1개월
	은행 1개월		우엉 1개월
	치즈 1~2주		콩나물 2주
			토마토 1개월
			풋콩 1개월
			피망 1개월

냉동 식품

육류	다진 고기 2주	**과일**	감 1개월
	닭고기 2주		귤 1개월
	두툼한 쇠고기·돼지고기 2주		딸기 1개월
	베이컨 1개월		레몬 1개월
	삼겹살 1개월		멜론 1개월
	소시지 1개월		무화과 1개월
	얇게 썬 쇠고기·돼지고기 2주		바나나 1개월
	햄 1개월		배 1개월
			수박 1개월
해산물	명란젓 2~3주		오렌지 1개월
	모시조개 1~2주		키위 1개월
	바지락 1~2주		파인애플 1개월
	새우 1개월		포도 1개월
	생선 2주		
	어묵 1개월	**기타**	달걀 1~2주
	오징어 2주		두부 1개월
	키조개 2주		밤 1개월
	토막 낸 생선 2~3주		밥 1개월
			버섯 2주
채소	가지 1개월		버터 1개월
	감자 1개월		생크림 2주
	고구마 1개월		요구르트 2주
	단호박 1개월		은행 1개월
	당근 1개월		치즈 1개월
	대파 1개월		허브 2주
	마 2주		
	마늘 1개월		

★ 냉동 보관하는 식재료는 생것 그대로 보관하는 것도 있고, 데치거나 익혀 보관해야 하는 것도 있다.

'오늘은 뭘 먹지?'

건강에 좋고,
일 년 내내 만날 수 있고,
가격도 착한 두부!

이제 반찬 걱정, 국 걱정 뚝!
흔한 식재료 두부로 차린 54가지
착한 레시피를 소개합니다.
먹고 또 먹어도 맛있는 두부 요리로
맛있고 건강한 밥상을 차려보세요.

Chapter 1

건강한 두부 요리 54

두부 견과류 샐러드와 요구르트 드레싱

2인분
요리 시간 30분

주재료
생두부 1모
채소(샐러드용) 적당량
견과류(아몬드, 호두,
해바라기씨 등) 적당량

요구르트 드레싱 재료
플레인 요구르트 1/2개
빨강 파프리카 1/4개
레몬즙 2
설탕 0.5
소금 0.3

❶ 두부는 한입에 먹기
좋은 크기로 썬다.

❷ 샐러드용 채소는
찬물에 헹궈 체에 밭쳐
물기를 뺀다.

❸ 요구르트 드레싱
재료인 플레인 요구르트
1/2개, 빨강 파프리카
1/4개, 레몬즙 2,
설탕 0.5, 소금 0.3을
블렌더에 넣고 곱게
갈아 드레싱을 만든다.

❹ 접시에 두부와
샐러드용 채소를
먹음직스럽게 담고
드레싱과 견과류를
뿌린다.

2인분
요리 시간 30분

주재료
두부(부침용) 1/2모
소금·식용유 약간씩
치커리 1/2줌
영양부추 약간
양파 1/6개

간장 드레싱 재료
올리브오일 2
식초 1.5
간장·설탕 1씩
맛술·통깨 0.5씩

두부구이 샐러드와
간장 드레싱

❶ 두부는 도톰하게 썰어 소금을 뿌리고 조금 두었다가 키친타월로 물기를 제거하고 팬을 달구어 식용유를 두르고 노릇하게 지진다.

❷ 두부가 완전히 식으면 깍두기 모양으로 썬다.

❸ 치커리와 영양부추는 씻어 먹기 좋은 크기로 썰고, 양파는 채 썬다.

❹ 올리브오일 2, 식초 1.5, 간장과 설탕 1씩, 맛술과 통깨 0.5씩을 섞어 간장 드레싱을 만들어 샐러드에 뿌려 살살 버무린다.

두부 불고기 샐러드와
씨겨자 드레싱

Cooking Tip
쇠고기 대신 버섯을 이용하면
두부 버섯 샐러드가 돼요. 새송이버섯,
느타리버섯, 양송이버섯, 팽이버섯 등
집에 있는 버섯을 센 불에서 볶아 소금,
후춧가루로 간을 하세요.

2인분
요리 시간 30분

대체 식재료
달래 ▶ 부추

주재료
두부(부침용) 1모
식용유 적당량
채소(샐러드용) 60g
달래 20g
쇠고기(불고기감) 100g
소금 약간

불고기 양념 재료
간장·맛술 1씩
설탕·다진 파 0.5씩
다진 마늘 0.3
후춧가루 약간

씨겨자 드레싱 재료
씨겨자 0.5
올리브오일·식초 2씩
설탕 1.5
간장 0.5
소금 약간

❶ 두부는 적당한 크기로 썰어 소금을 살짝 뿌린 다음 잠시 두었다가 키친타월로 물기를 제거한다.

❷ 팬을 달구어 식용유를 두르고 두부를 넣어 앞뒤로 노릇하게 지진다.

❸ 샐러드용 채소는 찬물에 헹궈 체에 밭쳐 물기를 빼고, 달래는 다듬어 씻어 3cm 길이로 썬다.

❹ 불고기 양념을 만들어 쇠고기를 넣고 조물조물 무친 다음 간이 배면 팬에 볶는다.

❺ 씨겨자 드레싱 재료인 씨겨자 0.5, 올리브오일·식초 2씩, 설탕 1.5, 간장 0.5, 소금 약간을 모두 섞는다.

❻ 접시에 지진 두부와 볶은 쇠고기를 먹음직스럽게 담고 샐러드용 채소와 달래를 올리고 씨겨자 드레싱을 끼얹는다.

두부 참치 샐러드와 고추냉이 드레싱

2인분
요리 시간 10분

주재료
두부 1/2모
참치(통조림) 1/2개
무순 1팩

고추냉이 드레싱 재료
마요네즈 3
간장 1
고추냉이 0.3
식초 1

대체 식재료
참치 ▶ 닭 가슴살

❶ 두부는 손으로 굵게 쪼갠다.

❷ 참치는 기름기를 빼고 굵게 으깬다.

❸ 마요네즈 3, 간장 1, 고추냉이 0.3, 식초 1을 섞어 고추냉이 드레싱을 만든다.

❹ 두부, 참치, 무순을 섞어 그릇에 담고 고추냉이 드레싱을 끼얹는다.

2인분
요리 시간 20분

재료
두부(생식용) 1모
방울토마토 10개
치커리 약간
다진 양파 1
올리브오일 2
바질 페스토 1
소금·후춧가루 약간씩

Cooking Tip
바질 페스토는 바질,
올리브오일, 마늘, 잣을
블렌더에 넣어 곱게
갈아서 소금과
후춧가루로 간을
해요. 토마토 요리에
잘 어울리는데, 샌드위치
스프레드나 고기 요리에
활용해도 좋아요.

두부 토마토 카프레제

❶ 두부는 먹기 좋게
썰고, 방울토마토는
끓는 물에 소금을 약간
넣고 데쳐 찬물에 헹궈
껍질을 벗긴다.

❷ 치커리는 씻어
물기를 빼고 먹기 좋은
크기로 손으로 뜯는다.

❸ 접시에 두부,
방울토마토를 담고
치커리를 올린다.

❹ 다진 양파 1,
올리브오일 2,
바질 페스토 1, 소금과
후춧가루 약간씩을
뿌린다.

순두부와 양념장

2인분
요리 시간 10분

주재료
순두부 1/2봉(200g)
풋고추·홍고추 1/3개씩

양념장 재료
간장 2
고춧가루 0.5
참기름 1
깨소금 0.5
송송 썬 실파 2

❶ 냄비에 순두부를
큼직하게 떠 넣고
보글보글 끓인다.
번거로우면 전자레인지에
데워도 된다.

❷ 풋고추와 홍고추는
송송 썰어서 씨를
털어낸다.

❸ 간장 2, 고춧가루 0.5,
참기름 1, 깨소금 0.5,
실파 2를 섞어 양념장을
만든다.

❹ 끓인 순두부를 그릇에
담고 고추를 올린 다음
양념장을 곁들인다.

2인분
요리 시간 15분

주재료
두부 1모
대파 1/2대
풋고추 1개
마른 고추 2개
통깨 1
식용유 적당량
소금 약간

양념장 재료
간장 1/2컵
물 1/2컵
설탕 1/4컵
물엿 1/4컵

대체 재료
대파 ▶ 실파

Cooking Tip
두부장을 먹고 남은
간장은 비빔밥에 넣어
비벼 먹거나 전을 찍어
먹는 간장으로 활용해
주세요.

07

두부장

❶ 두부는 1cm 두께로
썰어서 소금을 뿌려
5분 정도 두었다가
키친타월로 물기를
제거한다.

❷ 팬에 식용유를
두르고 두부를 앞뒤로
노릇노릇하게 지진다.

❸ 대파와 풋고추는
송송 썬다. 분량의
양념장 재료를 골고루
섞는다.

❹ 두부에 양념장을 붓고
마른 고추, 대파, 풋고추,
통깨를 넣는다.

두부 오렌지 조림

2인분
요리 시간 30분

주재료
두부 1모
녹말가루 1/4컵
소금 약간
실파
통깨 약간
식용유

양념장 재료
식용유 2
다진 마늘 2
다진 생강 0.3
간장 3
식초 1.5
설탕 1
물엿 1.5
오렌지 주스 1컵
후춧가루·소금 약간씩

Cooking Tip
밥에 곁들여 덮밥으로
활용해도 좋아요.

❶ 두부는 1.5cm
두께로 썰어서 소금을
약간 뿌려 10분 정도
두었다가 물기를
제거한다.

❷ 두부를 먹기 좋은
크기로 썰어 녹말가루를
골고루 입힌다. 팬에
식용유를 두르고 두부를
앞뒤로 노릇노릇하게
지진다.

❸ 팬에 식용유를
두르고 다진 마늘,
다진 생강을 볶다가
간장, 식초, 설탕, 물엿을
넣고 끓인 후 오렌지
주스를 넣어 끓인다.

❹ 지진 두부를 넣어 윤
기가 날 때까지 조린 후
그릇에 담고 송송 썬
실파와 통깨를 뿌린다.

두부 간장조림

2인분
요리 시간 20분

주재료
두부(부침용) 1모
대파 1/4대
홍고추·풋고추 1/3개씩
식용유 약간
물 1/2컵
통깨 약간

조림장 재료
간장 3
설탕·물엿 0.5씩
청주 1

❶ 두부는 3×4cm 크기로 도톰하게 썰어 소금을 뿌려 잠시 두었다가 키친타월로 물기를 제거한다.

❷ 대파는 2cm 길이로 채 썰고, 풋고추와 홍고추는 송송 썰고, 조림장 재료인 간장 3, 설탕 0.5, 물엿 0.5, 청주 1을 섞어 조림장을 만든다.

❸ 팬을 달구어 식용유를 두르고 두부를 넣어 노릇하게 지진다.

❹ 냄비에 지진 두부를 담고 채 썬 대파를 올린 다음 조림장과 물 1/2컵을 붓고 5분 정도 끓이다가 풋고추와 홍고추를 넣고 1분 정도 조리고 통깨를 뿌린다.

멸치 국물에 조린
두부 장아찌

2인분
요리 시간 20분

주재료
두부 1모
식용유 2

조림장 재료
멸치 국물 1컵
(멸치 10g+다시마(5×5cm) 1장)
간장 3
청주 3
맛술 3
황설탕 1
어슷 썬 청양고추 1개

Cooking Tip
두부가 완전히 식으면
조림장을 붓고 조림장이
식으면 냉장고에
넣어두세요.
일주일 정도 보관했다
먹을 수 있어요.

❶ 두부는 물기를
제거하고 도톰하게
자른다.

❷ 팬을 달구어
식용유를 두르고 두부를
넣어 노릇하게 지진다.

❸ 냄비에 조림장 재료인
멸치 국물 1컵, 간장 3,
청주 3, 맛술 3,
황설탕 1, 어슷 썬
청양고추 1개분을 넣고
5분 정도 끓인다.

❹ 밀폐용기에 두부를
담고 조림장 재료를 부어
저장한다.

2인분
요리 시간 20분

재료
포두부 1장
피망 1/2개
양파 1/4개
당근 적당량
숙주 1줌
식용유 적당량
간장 0.5
굴소스 1
맛술 1
참기름·통깨 약간씩

Cooking Tip
포두부는 두부를
얇게 말린 것으로
중국 식재료상에서
구입할 수 있어요.

11

포두부 채소볶음

❶ 포두부는 굵게 채
썬다.

❷ 피망, 양파, 당근은
일정한 두께로 채 썬다.

❸ 팬에 식용유를 두르고
양파와 당근을 넣어
볶다가 숙주를 넣어
볶는다.

❹ 간장 0.5, 굴소스 1,
맛술 1을 넣어 볶다가
피망과 포두부를 넣어
볶고 참기름과 통깨를
뿌린다.

두부 참치 통조림덮밥

Cooking Tip
녹말물은 걸쭉하게 농도를 맞출 때 사용하는데,
한꺼번에 많이 넣어서 되직해지면 농도를 희석하기가
어려우니 조금씩 넣어가며 농도를 맞추세요.

2인분
요리 시간 30분

재료
밥 2공기
참치(통조림) 1/2개
두부 1/2모
홍고추·풋고추 1/2개씩
고추기름 1
물 2/3컵
굴소스 2
녹말물 약간

대체 식재료
참치 ▶ 다진 쇠고기,
다진 돼지고기, 새우살, 오징어

❶ 참치는 기름기를 빼고,
두부는 깍둑썰기한다.

❷ 홍고추와 풋고추는 씨째
다진다.

❸ 팬에 고추기름 1을 두르고
참치를 넣어 볶다가
물 2/3컵을 붓고 끓인다.

❹ 끓으면 두부를 넣고 굴소스
2로 간을 맞추고 끓인다.

❺ 녹말물을 조금씩 부어가며
농도를 맞추고 다진 홍고추와
풋고추를 넣는다.

❻ 그릇에 밥을 담고 한쪽에
두부 참치 소스를 담는다.

43

두부 채소 듬뿍 볶음밥

2인분
요리 시간 30분

재료
밥 2공기
두부(부침용) 1/2모
달걀 2개
실파 3대
양파 1/3개
피망 1/2개
다진 마늘 0.5
칵테일새우 1/2컵
맛술 0.5
참기름 2
소금·후춧가루 약간씩
검은깨 약간
식용유 적당량

❶ 두부는 칼등으로 눌러 으깬 다음 식용유를 두르지 않은 팬에서 노릇하게 볶는다.

❷ 달걀은 소금으로 간하고 팬에 식용유를 두르고 스크램블하고, 실파는 송송 썰고, 양파와 피망은 굵게 다진다.

❸ 팬에 식용유를 두르고 다진 마늘 0.5를 넣어 볶다가 향이 나면 칵테일새우와 맛술 0.5를 넣어 볶다가 양파와 피망을 넣어 볶는다.

❹ 밥을 넣고 3분 정도 볶아 참기름 2, 소금과 후춧가루 약간씩을 넣고 검은깨와 실파를 뿌린다.

2인분
요리 시간 40분

주재료
밥 2공기
두부(부침용) 1/2모
유채나물 50g
참나물 50g
소금·참기름 약간씩
달걀 1개
느타리버섯 1줌
당근 1/6개
식용유 적당량

매실 고추장 재료
고추장 3
매실청 1
맛술 1
참기름 1

대체 식재료
매실청 ▶ 유자청

두부구이 비빔밥과
매실 고추장

❶ 두부는 도톰하게 썰어 소금을 뿌리고 잠시 두었다가 키친타월로 물기를 제거하고 팬에 노릇하게 지져 깍두기 모양으로 썬다.

❷ 유채나물과 참나물은 각각 데쳐 물기를 꼭 짜서 먹기 좋은 크기로 썰어 소금과 참기름을 약간씩 넣어 조물조물 무친다.

❸ 달걀은 소금을 약간 넣고 얇게 지져 채 썰어 지단을 만들고, 느타리버섯은 손으로 찢고, 당근은 채 썰어 각각 볶아서 소금으로 간한다.

❹ 그릇에 밥을 담고 채소와 두부를 올리고 고추장 3, 매실청 1, 맛술 1, 참기름 1을 섞어 매실 고추장을 만들어 함께 낸다.

조린 두부를 넣어
돌돌 만 두부 김밥

Cooking Tip

김밥 안에 넣는 소 재료는 완전히 식혀서
김밥을 싸야 오래 두어도 상하지 않아요.
수분이 날아가지 않은 상태에서 김밥을 싸면
수분으로 인해 날씨가 더우면 상하기 쉬워요.

2인분
요리 시간 30분

대체 식재료
오이 ▶ 시금치, 부추

주재료
두부(부침용) 1/2모
당근 1/4개
오이 1/2개
밥 1+1/2공기
소금 약간

참기름·깨소금 2씩
김 2장
단무지 2줄
식용유 적당량

두부 조림장 재료
간장 1
설탕 0.5
맛술 0.5
물 3

❶ 두부는 손가락 굵기로
길쭉하게 썰어 식용유를
두른 팬에 노릇하게 지진다.

❷ 냄비에 두부 조림장 재료인
간장 1, 설탕 0.5, 맛술 0.5,
물 3을 넣고 끓이다가 두부를
넣어 윤기 나게 조린다.

❸ 당근과 오이는 채 썰어
식용유를 두른 팬에 각각 볶아
소금으로 간한다.

❹ 밥에 소금 약간, 참기름 2,
깨소금 2를 넣어 고루 섞는다.

❺ 김발에 김을 깔고
밥을 골고루 편 다음 두부,
당근, 오이, 단무지를 넣고
돌돌 만다.

❻ 김밥을 먹기 좋은 크기로
썬다.

두부 된장찌개

2인분
요리 시간 20분

재료
두부 1/2모
감자 1개
양파 1/4개
풋고추 2개
물 2컵
된장 3
멸치가루 0.5
다진 마늘 1
고춧가루 0.3
소금 약간

❶ 두부는 도톰하게
한입 크기로 썰고,
감자와 양파는 반 갈라
도톰하게 썰고, 풋고추는
어슷하게 썬다.

❷ 뚝배기에 물 2컵을
붓고 끓여 된장 3을 풀어
넣고 멸치가루 0.5를
넣는다.

❸ 감자와 양파를 넣어
보글보글 끓이다가
감자가 익으면 두부를
넣고 끓인다.

❹ 풋고추와 다진 마늘 1,
고춧가루 0.3을 넣고
부족한 간은 소금으로
한다.

돼지고기를 넣은 콩비지찌개

2인분
요리 시간 30분

주재료
흰콩 1/2컵
물 1컵
돼지고기 100g
배추김치(익은 것) 200g
무(2cm) 1/2토막
대파 1/2대
고춧가루 0.5
새우젓 2
다진 마늘 0.5
식용유 적당량

돼지고기 양념 재료
다진 파 1
다진 마늘 1
후춧가루·참기름 약간씩

❶ 흰콩은 벌레 먹은 것이나 잡티를 골라내고 씻어 찬물에 하룻밤 정도 불린 다음 껍질을 벗겨 블렌더에 물 1컵을 넣고 곱게 간다.

❷ 돼지고기는 얄팍하게 썰어 다진 파 1, 다진 마늘 1, 후춧가루와 참기름 약간씩을 넣어 양념하고, 배추김치는 소를 털고 송송 썰고, 무는 납작하게 썰고, 대파는 어슷하게 썬다.

❸ 냄비에 식용유를 두르고 양념한 돼지고기를 넣어 볶다가 배추김치와 무를 넣어 3분 정도 볶는다.

❹ 콩비지를 넣고 약한 불로 줄이고 콩비지가 끓어오르면서 비린내가 나지 않을 정도로 익으면 고춧가루, 새우젓, 대파, 다진 마늘 순으로 넣고 부족한 간은 소금으로 한다.

연두부 명란젓찌개

2인분
요리 시간 20분

재료
연두부 1모
무(2cm) 1토막
양파 1/4개
풋고추·홍고추 1/2개씩
실파 3대
명란젓 2덩이
참기름 약간
물 2컵
고춧가루 0.3
다진 마늘 0.5
새우젓 1
소금 약간

❶ 무는 0.3cm 두께로 나박하게 썰고, 양파는 굵게 채 썰고, 풋고추와 홍고추는 어슷하게 썰고, 실파는 3cm 길이로 썬다.

❷ 명란젓은 4cm 길이로 터지지 않게 조심스럽게 자른다.

❸ 냄비에 참기름을 약간 두르고 무를 넣어 볶다가 물 2컵을 붓고 명란젓을 넣고 끓이다가 무가 위로 떠오르면 연두부를 숟가락으로 떠 넣는다.

❹ 한소끔 끓으면 양파를 넣고 고춧가루 0.3, 풋고추, 홍고추, 실파, 다진 마늘 0.5를 넣은 다음 새우젓 1과 소금으로 간한다.

두부 돼지고기 김치찌개

2인분
요리 시간 35분

주재료
두부(찌개용) 1모
배추김치 400g
양파 1/4개
풋고추·홍고추 1개씩
대파 1/2대
돼지고기(목살) 200g
다진 마늘 1
다시마 우린 물 4컵
신 김치 국물 1/4컵

돼지고기 양념 재료
다진 마늘 1
굵은 고춧가루 0.5
소금·후춧가루 약간씩

대체 식재료
배추김치 ▶ 묵은지

❶ 두부와 배추김치는
한입 크기로 썰고,
양파는 굵직하게
채 썰고, 풋고추, 홍고추,
대파는 어슷하게 썬다.

❷ 돼지고기는
도톰하게 썰어 양념
재료인 다진 마늘 1,
굵은 고춧가루 0.5,
소금과 후춧가루
약간씩을 넣어 버무린다.

❸ 냄비에 다시마 우린
물 4컵과 신 김치 국물
1/4컵, 배추김치를 넣고
푹 끓인 다음 양파와
돼지고기를 넣고
20분 정도 더 끓인다.

❹ 두부를 넣고 끓이다가
풋고추, 홍고추, 대파,
다진 마늘 1을 넣어 살짝
끓이고 소금으로 간한다.

두부 쇠고기 채소 전골

Cooking Tip
전골냄비는 깊이가 깊지 않고 얕고
넓은 것이 좋은데, 재료를 돌려 담아 끓이면서
먹는 것이 더 맛있어요. 전골냄비가 작을 때에는
재료를 따로 두고 먹으면서 추가하여 끓여도 돼요.

2인분
요리 시간 40분

대체 식재료
새송이버섯 ▶ 느타리버섯,
팽이버섯, 표고버섯

주재료
두부(찌개용) 1모
식용유 적당량
미나리 20g
다진 쇠고기 80g
무 100g
배추잎 2장
새송이버섯 2개

풋고추·홍고추 1개씩
대파 1대
다시마 우린 물 3컵
소금 약간

쇠고기 양념 재료
간장 0.5
다진 파·다진 마늘 1씩
참기름·후춧가루 약간씩

양념장 재료
고춧가루 2
국간장 1
다진 마늘 1
청주 1
후춧가루 약간

❶ 두부는 먹기 좋은 크기로
썰어 소금을 약간 뿌려 잠시
두었다가 키친타월로 물기를
제거하고 식용유를 두른 팬에
노릇하게 지진다.

❷ 미나리는 잎은 떼어내고 줄기만
준비해 끓는 물에 소금을 약간 넣고
살짝 데쳐 찬물에 헹궈 물기를 짜고,
다진 쇠고기는 간장 0.5, 다진 파와
다진 마늘 1씩, 참기름과 후춧가루
약간씩을 넣어 조물조물 버무린다.

❸ 지진 두부 위에 양념한
쇠고기를 편평하게 올리고
지진 두부로 덮어 미나리로
묶는다.

❹ 무는 납작하게 썰고,
배추잎과 새송이버섯은 먹기
좋은 크기로 썰고, 풋고추,
홍고추, 대파는 어슷하게 썬다.

❺ 전골냄비에 무와 배추잎을
깔고 준비한 재료를 보기 좋게
돌려 담는다.

❻ 양념장 재료인 고춧가루 2,
국간장 1, 다진 마늘 1, 청주 1,
후춧가루 약간을 섞어 넣고
다시마 우린 물을 부어
끓이다가 재료가 익으면
소금으로 간한다.

바지락 순두부찌개

2인분
요리 시간 25분

주재료
순두부 1모
돼지고기 100g
바지락 150g
풋고추·홍고추 1/3개씩
대파 1/4대
고추기름·참기름 0.5씩
고춧가루 1
물 1컵
다진 마늘 1
소금 약간

돼지고기 양념 재료
간장·참기름 0.5씩
다진 마늘 0.3
다진 생강·후춧가루 약간씩

❶ 돼지고기는 한입
크기로 얇게 썰고 양념
재료인 간장과 참기름
0.5씩, 다진 마늘 0.3,
다진 생강과 후춧가루
약간씩을 넣어 버무린다.

❷ 바지락은 엷은
소금물에 담가 해감해서
깨끗하게 씻고, 풋고추,
홍고추, 대파는
어슷하게 썬다.

❸ 뚝배기에 고추기름과
참기름 0.5씩, 고춧가루
1을 넣고 약한 불에서
볶아 매운 향을 내고
돼지고기를 넣어 달달
볶다가 물 1컵을 붓고
바지락을 넣어 3분 정도
끓인다.

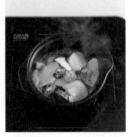

❹ 순두부를 숟가락으로
큼직하게 떠 넣고 다진
마늘 1, 소금을 넣고
재료가 잘 어우러지게
끓으면 풋고추, 홍고추,
대파를 넣어 살짝
더 끓인다.

2인분
요리 시간 20분

재료
홍합 200g
두부 1/4모
풋고추 1/2개
홍고추 1/2개
대파 1/4대
물 3컵
소금 약간

대체 식재료
풋고추 ▶ 청양고추

두부 홍합탕

❶ 홍합은 수염을
잡아당기면서 가위로
잘라내고, 껍데기는
솔로 문질러 깨끗하게
씻는다.

❷ 두부는 먹기 좋은
크기로 썰고 풋고추,
홍고추, 대파는
어슷하게 썬다.

❸ 냄비에 홍합을 담고
물 3컵을 부어 거품을
걷어내며 5분 정도
끓인다.

❹ 두부를 넣어 끓이다가
풋고추, 홍고추, 대파를
넣어 한소끔 끓이다가
소금으로 간한다.

두부 굴찌개

Cooking Tip
참치 한스푼은 소금이나 간장 대용으로
사용할 수 있는 참치 진액이 들어 있는 양념장이에요.
조금만 넣어도 깊은 맛과 감칠맛이 나요.
참치 한스푼 대신 참치진국 0.5를 넣어도 돼요.

2인분
요리 시간 20분

재료
두부 1/2모
굴 200g
실파 2대
풋고추·홍고추 1/2개씩
다진 마늘 0.3
참치 한스푼 1
소금 약간

대체 식재료
굴 ▶ 바지락, 모시조개

❶ 두부는 한입 크기로 썬다.

❷ 굴은 불순물을 없애고
소금물에 흔들어 씻어 체에
밭친다.

❸ 실파는 3cm 길이로 썰고,
풋고추와 홍고추는
반으로 갈라 채 썬다.

❹ 냄비에 물을 붓고 끓으면
다진 마늘 0.3, 두부, 굴을 넣고
3분 정도 끓인다.

❺ 실파, 풋고추, 홍고추를 넣어
한소끔 더 끓이다가 참치
한스푼 1을 넣어 간하고
부족한 간은 소금으로 한다.

두부 조개 떡국

Cooking Tip
이 떡국의 맛은 조개가 좌우해요.
싱싱한 바지락이나 모시조개를 구입해
옅은 소금물에 담가 해감을 하여 사용하세요.
조개는 식성에 따라 소개된 분량보다
더 넣어도 돼요.

2인분
요리 시간 25분

재료
두부(찌개용) 1/4모
대파 1/2대
조개 100g
물 4컵
다시마(10×10cm) 1장
떡국떡 2컵
국간장 1
다진 마늘 1
소금·후춧가루 약간씩

대체 식재료
떡 ▶ 칼국수, 수제비

❶ 두부는 먹기 좋은 크기로 썰고
대파는 어슷하게 썬다.

❷ 조개는 옅은 소금물에 담가
해감한다.

❸ 냄비에 물 4컵, 다시마, 조개를 넣고
거품을 걷어내며 끓이다가 떡을 넣어
끓인다.

❹ 국간장 1을 넣어 끓이다가 떡이
부드러워지면 두부, 대파, 다진 마늘을
넣고 한소끔 끓여 소금과 후춧가루로
간한다.

튀긴 두부에 맛국물을
끼얹은 아게도후

2인분
요리 시간 30분

주재료
두부 1/2모
무(2cm) 1/2토막
실파 약간
녹말·식용유 적당량씩
가다랑어포·김채 약간씩

맛국물 재료
가다랑어포 1/2줌
물 1컵
간장 3
맛술 4

Cooking Tip
가다랑어포는
가츠오부시라는 이름으로
판매되는데, 국물을 낼 때
주로 이용하고 우동에
뿌려 먹기도 해요.

❶ 두부는 면포나
키친타월로 감싸 물기를
제거해서 큼직하게 썰고,
무는 강판에 갈고,
실파는 송송 썬다.

❷ 냄비에 맛국물
재료인 가다랑어포
1/2줌, 물 1컵, 간장 3,
맛술 4를 넣고 4~5분
정도 뭉근히 끓인 다음
체에 거른다.

❸ 두부는 앞뒤로
녹말을 골고루 묻혀
180℃의 튀김기름에서
바삭하게 튀긴다.

❹ 그릇에 튀긴 두부를
담고 뜨겁게 데운 맛국물을
끼얹은 다음 무,
가다랑어포, 실파, 김채를
먹음직스럽게 올린다.

2인분
요리 시간 20분

주재료
두부 1/2모
식용유 적당량
후춧가루·소금 약간씩

마요 쌈장 재료
마요네즈 3
쌈장 1.5
물엿 1
참기름 0.5
깨소금 0.5

대체 재료
쌈장 ▶ 된장

Cooking Tip
두부는 은근한 불에서
노릇노릇하게 지져야
부드럽고 맛있어요.

마요 쌈장 두부구이

❶ 두부는 도톰하게
썰어 소금과 후춧가루를
뿌려 밑간한다.

❷ 분량의 마요 쌈장
재료를 골고루 섞는다.

❸ 팬을 달군 뒤
식용유를 두르고 두부를
노릇노릇하게 지진다.

❹ 접시에 지진 두부를
담고 마요 쌈장을 곁
들인다.

치즈 뿌린 두부튀김

2인분
요리 시간 30분

주재료
두부(부침용) 1모
달걀 1개
빵가루 1컵
밀가루 1/4컵
파르메산 치즈 가루 1/4컵
다진 파슬리 1
마늘가루 1
튀김기름 적당량
후춧가루·소금 약간씩

대체 재료
마늘가루 ▶ 생강가루

Cooking Tip
식빵이 남으면 커러기에
넣어서 곱게 갈아 촉촉한
빵가루를 만들 수 있어요.

❶ 두부는 1cm 두께로
썰어서 소금과 후춧가루를
뿌려 10분 정도 둔 후
물기를 제거하고 파르메산
치즈 가루, 마늘가루를
뿌린다.

❷ 달걀에 소금을
약간 넣고 잘 풀다가
빵가루와 다진 파슬리를
넣어 잘 섞는다.
이때 마른 빵가루에
스프레이로 물기를 약간
주어 촉촉하게 만들면
잘 섞인다.

❸ 두부에 밀가루를
골고루 묻힌 뒤
달걀 물-빵가루를
순서대로 입힌다.

❹ 180℃로 달군
튀김기름에 넣어
노릇노릇하게 튀긴다.

2인분
요리 시간 30분

재료
두부 1/2모
소금·후춧가루 약간씩
햄(통조림) 1/4개
밀가루 1/4컵
달걀 1개
빵가루 1컵
식용유 적당량
칠리소스 적당량

대체 식재료
햄 ▶ 돼지고기 등심,
닭 가슴살

28

두부 햄 커틀릿

❶ 두부는 1cm 두께로
썰어 소금과 후춧가루를
뿌린다.

❷ 햄은 0.5cm 두께로
썰어 양쪽에 두부를
붙인다.

❸ 두부와 햄을 밀가루,
달걀물, 빵가루 순으로
튀김옷을 입힌다.

❹ 180℃의 튀김기름에
노릇하게 튀겨 기름기를
빼고 칠리소스를
곁들인다.

빨간 두부강정

2인분
요리 시간 20분

주재료
두부(부침용) 1모
소금 약간
녹말가루 3
식용유 적당량
다진 땅콩 2
실파(송송 썬 것) 약간

소스 재료
고추장 1.5
맛술 1
토마토케첩·물엿 2씩
물 1/4컵
녹말물 약간

❶ 두부는 깍둑썰어 소금을 뿌린 다음 잠시 두었다가 물기를 제거하고 녹말가루를 골고루 묻힌다.

❷ 두부에 녹말이 스며들어 촉촉해지면 180℃의 튀김기름에 노릇하게 튀긴다.

❸ 고추장 1.5, 맛술 1, 토마토케첩 2, 물엿 2, 물 1/4컵을 섞어 살짝 끓이고 녹말물로 농도를 맞춰 소스를 만든다.

❹ 튀긴 두부에 소스를 넣어 버무리고 다진 땅콩과 실파를 골고루 뿌린다.

2인분
요리 시간 30분

재료
두부 1/4모
돼지고기 100g
실파 3대
양파 1/6개
당근 약간
간장 0.5
다진 마늘 0.3
소금·후춧가루·밀가루 약간씩
달걀 2개
식용유 적당량

Cooking Tip
완자 반죽을
고추 안에 채우면
고추전, 깻잎을 싸서
지지면 깻잎전이 돼요.
기호에 따라 초간장을
곁들이세요.

두부 돼지고기 완자전

❶ 두부는 칼등으로
곱게 으깨고 실파, 양파,
당근은 곱게 다진다.

❷ 다진 돼지고기에
간장 0.5와 다진 마늘
0.3을 넣어 양념하고
두부, 실파, 양파, 당근을
넣어 섞다가 소금과
후춧가루로 간한다.

❸ 동글납작하게 완자를
빚어 밀가루를 묻히고
소금을 약간 넣은
달걀물을 입힌다.

❹ 팬에 식용유를 두르고
완자전을 넣어 노릇하게
지진다.

31

두부 속 새우전

2인분
요리 시간 30분

대체 식재료
풋고추 ▶ 피망, 부추

재료
두부 1/2모
새우 6마리
풋고추 1개
대파 1대
당근 1/8개

밀가루 약간
달걀 1개
소금·후춧가루 약간씩
식용유 적당량

Cooking Tip
두부에 물기가 많아
한 덩어리로 뭉쳐지지
않을 때 빵가루를 약간
넣어 반죽하면 모양을
잡기 좋아요.

❶ 두부는 칼등으로 으깨
키친타월로 감싸 물기를
제거한다.

❷ 새우는 머리를 떼고 반으로
갈라 넓적하게 펴서 소금과
후춧가루로 간한다.

❸ 풋고추, 대파, 당근은 곱게
다져 두부를 넣어 섞고 소금과
후춧가루로 간한다.

❹ 새우에 밀가루를 묻히고
양념한 두부로 감싸 모양을
잡는다.

❺ 밀가루를 앞뒤로 골고루
묻혀서 달걀물을 입힌다.

❻ 팬에 식용유를 두르고
새우전을 넣어 지진다.

두부 오징어전

2인분
요리 시간 20분

재료
두부(부침용) 1/2모
소금·후춧가루 약간씩
오징어 1/2마리
실파 6대
당근 1/6개
검은깨 약간
달걀 1개
식용유 적당량

❶ 두부는 칼등으로 으깨 물기를 꼭 짜서 소금과 후춧가루로 간한다.

❷ 오징어는 곱게 다지고, 실파는 송송 썰고, 당근은 곱게 다진다.

❸ 볼에 두부, 오징어, 실파, 당근, 검은깨, 달걀을 넣고 고루 섞는다.

❹ 팬에 식용유를 두르고 반죽을 한 숟가락씩 떠서 노릇하게 부친다.

2인분
요리 시간 20분

재료
두부(부침용) 1/2모
카레가루 0.5
달걀 1개
소금·후춧가루 약간씩
밀가루 적당량
식용유 적당량
쑥갓·실고추 약간씩

Cooking Tip
기호에 따라 초간장을
곁들이세요.

두부 카레 달걀전

❶ 두부는 도톰하게
썰어 키친타월로 물기를
제거하고 카레가루
0.5를 골고루 뿌린다.

❷ 달걀에 소금과
후춧가루를 넣어
잘 푼다.

❸ 두부에 밀가루를
골고루 묻히고 달걀물을
입힌다.

❹ 팬에 식용유를 두르고
두부를 놓고 쑥갓과
실고추를 올려 앞뒤로
노릇하게 지진다.

두부톳무침

2인분
요리 시간 30분

재료
두부 1/2모
생톳 50g
실파 1대
액젓 1
고춧가루·소금·깨소금 약간씩
참기름 약간

대체 식재료
톳 ▶ 다시마채, 해초류
액젓 ▶ 참치진국

❶ 두부는 칼등으로
으깬다.

❷ 생톳은 끓는 물에
데쳐 물기를 빼고
긴 것은 먹기 좋게 썰고,
실파는 송송 썬다.

❸ 두부에 톳을 넣고
실파, 액젓 1,
고춧가루를 약간 넣어
살살 버무린다.

❹ 소금으로 간하고
깨소금과 참기름을 뿌려
가볍게 버무린다.

2인분
요리 시간 30분

재료
두부(부침용) 1/4모
홍고추 1/2개
머위 200g
소금 약간
참기름 2
된장 1
맛술 1
깨소금 1

대체 식재료
머위 ▶ 취나물, 참나물

두부 머위 된장무침

❶ 두부는 칼등으로 곱게 으깨고, 홍고추는 다진다.

❷ 머위는 끓는 물에 소금을 약간 넣고 데쳐 물기를 꼭 짜서 먹기 좋은 크기로 썬다.

❸ 두부에 소금 약간과 참기름 2를 넣어 무친다.

❹ 머위에 된장 1, 맛술 1, 깨소금 1을 넣어 무치고 두부를 넣어 섞고 다진 홍고추를 넣는다.

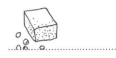

36

두부햄냉채

2인분
요리 시간 30분

주재료
두부 1/2모
햄 50g
오이 1/4개

깨 소스 재료
올리브오일 3
식초 2
레몬즙 1
간장 0.3
깻가루 2
다진 양파 1
설탕 1
소금 약간

❶ 두부는 편으로 썰어 굽듯이 지져서 식힌 다음 길쭉하게 썬다.

❷ 햄은 채 썰어 살짝 볶아 식히고, 오이는 채 썬다.

❸ 올리브오일 3, 식초 2, 레몬즙 1, 간장 0.3, 깻가루 2, 다진 양파 1, 설탕 1, 소금 약간을 섞어 깨 소스를 만든다.

❹ 접시에 두부를 돌려 담고 햄과 오이를 담은 뒤 깨 소스를 뿌린다.

2인분
요리 시간 40분

주재료
만두피 1팩
두부 1/2모
돼지고기(다진 것) 100g
당면 50g
얼갈이배추 100g
김 2장
소금·후춧가루 약간씩
참기름·통깨 약간씩

돼지고기 양념 재료
간장 0.5
다진 파 1
다진 마늘 0.5
후춧가루 약간

대체 식재료
얼갈이배추
▶ 배추, 양배추, 봄동

Cooking Tip
찐만두를 완전히 식혀서
냉동 보관하면 나중에
만둣국을 끓일 때 좋아요.

두부 찐만두

❶ 두부는 칼등으로
곱게 으깨고,
다진 돼지고기는
간장 0.5, 다진 파 1,
다진 마늘 0.5, 후춧가루
약간을 넣어 양념한다.

❷ 당면은 삶아서 잘게
썰고, 얼갈이배추는
데쳐서 물기를 꼭 짜고,
김은 구워서 부순다.

❸ 준비한 재료를 모두
섞고 소금과 후춧가루로
간하고 참기름과 통깨를
약간씩 뿌린다.

❹ 만두피에 소를 넣고
만두를 빚어 찜통에 찐다.

깐풍두부

Cooking Tip
두부는 너무 많은 양을 한꺼번에
넣고 튀기면 수분 때문에
잘 튀겨지지 않아요. 한 번 튀기고
나서 기름기를 빼서 다시 튀겨야
바삭하고 빨리 튀길 수 있어요.

2인분
요리 시간 30분

대체 식재료
피망, 빨강 피망
▶ 고추, 당근, 완두콩

주재료
두부(부침용) 1모
소금 약간
식용유 적당량
양파 1/2개
피망·빨강 피망 1/2개씩
표고버섯 1개
팽이버섯 1/2팩

마늘 1쪽
대파 1/2대
마른 고추 1개
녹말 1/4컵
소금 약간

소스 재료
고추기름 1
간장 2
물 1/4컵
설탕·식초 1.5씩
소금·후춧가루 약간씩
참기름 0.3

❶ 두부는 먹기 좋은 크기로 썰어 소금을 뿌리고 잠시 두었다가 키친타월로 물기를 제거하고 170℃의 튀김기름에 노릇하게 튀긴다.

❷ 양파, 피망, 빨강 피망, 표고버섯은 1×1cm 크기로 썰고, 팽이버섯은 1cm 길이로 썬다.

❸ 마늘과 대파는 굵게 다지고, 마른 고추는 1cm 폭으로 썰어서 씨를 뺀다.

❹ 팬에 고추기름 1을 두르고 마늘, 대파, 마른 고추를 넣어 볶는다.

❺ 간장 2를 넣어 볶다가 양파, 피망, 표고버섯을 넣고 볶는다.

❻ 물 1/4컵을 넣어 끓으면 설탕 1.5와 식초 1.5를 넣고 소금과 후춧가루로 간하고 두부와 팽이버섯을 넣은 다음 먹기 직전에 참기름 0.3을 뿌리고 섞는다.

마파두부

2인분
요리 시간 30분

주재료
두부(부침용) 1모
피망 1/2개
대파 1/2대
마늘 2쪽
생강 약간
다진 돼지고기 100g

양념 재료
고추기름 2
두반장·청주 1씩
굴소스 0.5
물 1+1/2컵
녹말물(녹말가루 1+물 1) 적당량
참기름 0.3
후춧가루 약간

Cooking Tip
녹말물은 두부가
부스러지지 않도록
조심스럽게 넣으세요.

❶ 두부는 1.5×1.5cm
크기로 깍둑썰기한다.

❷ 피망은 굵게 다지고
대파, 마늘, 생강은
다진다.

❸ 팬에 고추기름 2를
두르고 대파, 마늘,
생강을 넣어 약한 불로
볶다가 돼지고기를 넣고
달달 볶는다. 돼지고기
가 익으면 두반장 1,
청주 1, 굴소스 0.5를
넣어 볶는다.

❹ 물 1+1/2컵을 부어
팔팔 끓여 국물이 끓으면
다진 피망과 두부를 넣고
끓여 녹말물로 농도를
맞추고 참기름 0.3과
후춧가루를 약간 넣는다.

2인분
요리 시간 20분

주재료
연두부 1모
청경채 2포기
오징어 1/4마리
칵테일새우 4마리

양념 재료
고추기름 2
다진 마늘 0.3
물 1/3컵
굴소스 1
후춧가루 약간
다진 홍고추 약간
녹말물(녹말가루 1+물 1)
적당량

두부 중국식 해산물볶음

❶ 연두부는 주사위 모양으로 먹기 좋게 썰고, 청경채는 깨끗이 씻어 밑동을 잘라 먹기 좋은 크기로 썬다.

❷ 오징어는 껍질을 벗기고 안쪽으로 잔 칼집을 넣어 4cm 길이로 채 썰고, 칵테일새우는 씻어 물기를 뺀다.

❸ 팬에 고추기름 2를 두르고 다진 마늘 0.3을 넣어 볶다가 향이 나면 오징어, 칵테일새우를 넣어 볶다가 물 1/3컵을 넣어 끓인 다음 굴소스 1과 후춧가루 약간을 넣는다.

❹ 청경채와 다진 홍고추를 넣고 녹말물로 농도를 맞춰 연두부 위에 올린다.

두부와 김치볶음

2인분
요리 시간 35분

주재료
두부 1모
배추김치 200g
양파 50g
풋고추 1개
돼지고기 100g
식용유 적당량

돼지고기 양념 재료
고추장·다진 파 2씩
다진 마늘·설탕·간장 1씩
생강즙·참기름·깨소금 약간씩

❶ 배추김치는 소를 털어서 채 썰고, 양파는 채 썰고, 풋고추는 어슷하게 썬다.

❷ 돼지고기는 김치와 비슷한 크기로 썰어 고추장과 다진 파 2씩, 다진 마늘과 설탕, 간장 1씩, 생강즙과 참기름, 깨소금 약간씩을 섞어 양념한다.

❸ 두부는 먹기 좋은 크기로 썰어 전자레인지에서 3분 정도 데워 접시에 담는다.

❹ 팬에 식용유를 두르고 돼지고기를 넣어 볶다가 배추김치, 풋고추, 양파를 순서대로 넣고 볶아 두부 위에 올린다.

두부 고추장 떡볶이

2인분
요리 시간 25분

주재료
두부 1/2모
떡볶이떡 150g
양파 1/4개
양배추 1장
대파 1/2대
깻잎 3장
식용유 약간
물 1컵

양념 재료
고추장 2
고춧가루 0.5
간장 1
물엿 1
설탕 0.3

대체 식재료
물 ▶ 멸치 다시마 육수(1컵),
참치진국(0.5)

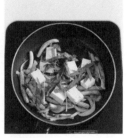

❶ 두부는 먹기 좋은
크기로 썰고 양파,
양배추, 대파, 깻잎은
채 썬다.

❷ 팬에 식용유를 약간
두르고 양파와 양배추를
넣어 볶다가 떡볶이떡을
넣어 볶은 다음
물 1컵을 붓고 끓인다.

❸ 국물이 끓으면
양념 재료인 고추장 2,
고춧가루 0.5, 간장 1,
물엿 1, 설탕 0.3을
섞어 넣고 끓인다.

❹ 떡볶이떡이 부드러워
지면 대파를 넣고 두부와
깻잎을 넣고 고루 섞는다.

두부 채소탕수

Cooking Tip
채소 대신 과일을 사용하면 상큼하고
달콤한 두부탕수를 만들 수 있어요.
녹말물은 녹말가루 1.5에 물 1을 섞어 만들어요.

2인분
요리 시간 30분

주재료
두부(부침용) 1모
녹말가루 1/2컵
피망 1/2개
양파 1/4개
양배추 1장
당근 약간
식용유 적당량

소스 재료
식초 3
설탕 2
간장 1
소금 0.3
물 1컵
녹말물 적당량
고추기름 약간

대체 식재료
양배추 ▶ 배추, 청경채

❶ 두부는 한입 크기로 썰어 물기를 제거해서 녹말가루를 골고루 묻혀 가루를 털어낸다.

❷ 두부를 180℃의 튀김기름에 바삭하게 튀긴다.

❸ 피망, 양파, 양배추, 당근은 먹기 좋은 크기로 썬다.

❹ 냄비에 식초 3, 설탕 2, 간장 1, 소금 0.3, 물 1컵을 넣고 끓여 소스를 만든다.

❺ 국물이 끓으면 준비한 채소를 넣어 끓이다가 녹말물을 넣으면서 걸쭉하게 농도를 맞춘다.

❻ 튀긴 두부를 넣고 고추기름을 약간 넣는다.

두부구이 굴 부추잡채

2인분
요리 시간 25분

주재료
두부 1/2모
굴 100g
부추 50g
풋고추·홍고추 1/2개씩
양파 1/4개
식용유 적당량
소금·후춧가루 약간씩

양념 재료
청주 0.5
간장 0.5
굴소스·후춧가루 약간씩

❶ 두부는 1cm 두께로 썰어 소금을 뿌려 잠시 두어 키친타월로 물기를 제거하고 팬에 식용유를 두르고 노릇하게 지진다.

❷ 굴은 소금물에 흔들어 씻어 체에 밭쳐 물기를 빼고, 부추는 5cm 길이로 썰고, 풋고추와 홍고추는 가늘게 채 썰고, 양파는 채 썬다.

❸ 팬에 식용유를 두르고 양파, 풋고추, 홍고추, 굴을 넣고 청주 0.5, 간장 0.5, 굴소스와 후춧가루 약간씩을 넣어 볶다가 부추를 넣는다.

❹ 접시에 두부를 담고 굴 부추잡채를 올린다.

2인분
요리 시간 15분

주재료
두부(부침용) 1모
들기름 적당량
소금 약간

양념장 재료
간장 2
고춧가루 0.5
깨소금 0.5
송송 썬 실파 1

들기름 두부구이와 양념장

❶ 두부는 도톰하게 썰어 소금을 뿌린다.

❷ 팬에 들기름을 넉넉하게 두르고 두부를 넣어 노릇하게 지진다.

❸ 간장 2, 고춧가루 0.5, 깨소금 0.5, 실파 1을 섞어 양념장을 만든다.

❹ 두부구이를 접시에 담고 양념장을 곁들인다.

두부 낙지찜

Cooking Tip
낙지는 오래 익히면 질겨지므로
양념이 끓어 낙지가 익으면 간해서 마무리하세요.
녹말물은 녹말가루 1.5에 물 1을 섞어 만들어요.

2인분
요리 시간 30분

주재료
두부(부침용) 1/2모
낙지 2마리
미나리 1줌
콩나물 150g
풋고추·홍고추 1개씩
녹말물 적당량
굵은소금 약간

양념 재료
물 1/2컵
고춧가루·다진 파 2씩
고추장·국간장·물엿·
다진 마늘·청주 1씩
설탕 0.3
소금·후춧가루 약간씩

대체 식재료
낙지 ▶ 주꾸미, 오징어

❶ 두부는 한입 크기로 썰어 소금을 약간 뿌려 10분 정도 지나서 키친타월로 물기를 제거한다.

❷ 낙지는 굵은소금으로 문질러 씻어 먹기 좋은 크기로 썬다.

❸ 미나리는 씻어 4cm 길이로 썰고, 콩나물은 머리와 꼬리를 떼고, 풋고추와 홍고추는 어슷하게 썬다.

❹ 양념 재료인 물 1/2컵, 고춧가루 2, 다진 파 2, 고추장 1, 국간장 1, 물엿 1, 다진 마늘 1, 청주 1, 설탕 0.3, 소금과 후춧가루 약간씩을 넣어 고루 섞는다.

❺ 냄비에 콩나물을 깔고 낙지를 올린 다음 양념장을 골고루 끼얹고 뚜껑을 덮고 끓인다.

❻ 콩나물과 낙지가 익으면 두부, 미나리, 풋고추, 홍고추를 넣고 국물을 끼얹어가면서 끓여 마지막에 녹말물을 조금씩 넣어 가며 걸쭉하게 농도를 맞춘다.

두부 스테이크와
발사믹 소스

Cooking Tip
발사믹 소스는 발사믹식초와
올리브오일만 있으면 간단히 만들 수 있어요.
발사믹식초는 대형 마트나 백화점 식품매장에서
판매해요. 소스로 만들어 스테이크에 곁들여도
좋고, 샐러드 드레싱으로 사용해도 맛있어요.

2인분
요리 시간 30분

주재료
두부(부침용) 1모
양파 1/4개
양송이버섯 3개
식용유 적당량
소금·후춧가루 약간씩
마 1/4대
빵가루 1/4컵
채소(샐러드용) 50g

발사믹 소스 재료
발사믹식초 3
올리브오일 2
다진 파슬리 약간

대체 식재료
마 ▶ 감자, 연근

❶ 두부는 칼등으로 으깨 면포나
키친타월로 싸서 물기를 짜고,
발사믹식초 3, 올리브오일 2,
다진 파슬리 약간을 섞어 발사믹
소스를 만든다.

❷ 양파와 양송이버섯은 곱게 다져
팬에 식용유를 두르고 볶아 소금과
후춧가루로 간하고, 마는 껍질을 벗겨
곱게 간다.

❸ 두부에 소금과 후춧가루를 넣고
양파, 양송이버섯, 마, 빵가루를 넣어
골고루 섞은 다음 동글납작하게
빚는다.

❹ 팬에 식용유를 넉넉하게 두르고
두부 스테이크를 넣어 노릇하게 지져
그릇에 담고 샐러드용 채소를 얹고
소스를 끼얹는다.

연두부 크림소스 스파게티

Cooking Tip
우유에 생크림을 넣어 갈면
부드러운 맛을 더할 수 있어요.

2인분
요리 시간 30분

재료
연두부 200g
우유 1+1/4컵(250㎖)
마늘 2쪽
양파 1/2개
브로콜리 1/4송이
베이컨 2장
올리브오일 적당량
소금 약간

스파게티면 150g
소금·후춧가루 약간씩
파르메산 치즈가루 3

대체 식재료
우유 ▶ 물

❶ 연두부와 우유를 블렌더에
넣고 간다.

❷ 마늘은 편으로 썰고 양파,
브로콜리, 베이컨은 먹기 좋은
크기로 썬다.

❸ 끓는 물에 올리브오일과
소금을 약간 넣어
스파게티면을
8~9분 정도 삶는다.

❹ 스파게티면은 물에 헹구지
말고 체에 밭쳐 물기를 살짝
뺀 다음 올리브오일을 약간만
넣고 살살 버무린다.

❺ 팬을 달구어 올리브오일을
두르고 마늘과 양파를 넣어
볶다가 베이컨을 넣어 볶고
연두부 우유물을 넣고 끓인다.

❻ 브로콜리와 스파게티면을
넣어 섞고 소금과 후춧가루로
간을 맞춘 다음 파르메산
치즈가루를 뿌린다.

두부두루치기 & 우동면

2인분
요리 시간 30분

주재료
두부 1모
양파 1/2개
대파 1/2대
멸치 국물 2컵
참기름 1
깨소금 1
우동면 1봉
소금 약간

양념장 재료
고춧가루 2
고추장 2
간장 1
다진 마늘 1
물엿 1
굴소스 0.5

대체 재료
우동면 ▶ 칼국수, 라면

Cooking Tip
오징어, 새우와 같은 해산물을
추가해서 두루치기를
만들어도 맛있어요.

❶ 두부는 1cm 두께로
큼직하게 썰어서
소금을 약간 뿌려 10분
정도 두었다가 물기를
제거한다.

❷ 양파와 대파는
굵게 썬다. 분량의
양념장 재료를 모두
섞는다.

❸ 냄비에 양파를 넣고
두부와 대파를 얹은 다음
멸치 국물 2컵과 양념장을
넣어 센 불에 끓인다. 국물이
끓기 시작하면 중간 불에서
5분 정도 더 끓인다. 두부에
양념장이 배이면 참기름과
깨소금을 뿌린다.

❹ 우동면은 끓는 물에
데쳐서 곁들인다.

2인분
요리 시간 20분

재료
순두부 1/2모
우유 4컵
소금 약간
오이 1/4개
토마토 1개
소면 200g

Cooking Tip
얼음을 2조각 정도
띄우면 시원하게
먹을 수 있어요.

두부우유콩국수

❶ 순두부와 우유를
믹서에 넣어 곱게 갈아
콩국물을 만들어
소금으로 간한다.

❷ 오이는 채 썰고,
토마토는 먹기 좋은
크기로 썬다.

❸ 끓는 물에 소금을
약간 넣고 소면을 삶아
찬물에 헹군 다음 체에
밭쳐 물기를 뺀다.

❹ 국수를 그릇에 담고
오이와 토마토를 올리고
콩국물을 붓는다.

51

순두부 수제비

2인분
요리 시간 30분

주재료
바지락 1봉
애호박 1/4개
부추 20g
홍고추 1/2개
물 4컵
다시마(5×5cm) 1장
다진 마늘 1

수제비 반죽 재료
순두부 1/4모
밀가루 1+1/2컵
소금 약간

❶ 순두부는 으깨어
밀가루 1+1/2컵과
소금을 약간 넣어
반죽한다.

❷ 바지락은 옅은
소금물에 담가 해감해서
씻고, 애호박은
동그랗게 썰어
4등분하고, 부추는
4cm 길이로 썰고,
홍고추는 어슷하게 썬다.

❸ 냄비에 물 4컵을 붓고
바지락과 다시마를
넣어 떠오르는 거품을
중간 중간 걷어내며
끓인다.

❹ 육수가 끓으면
애호박을 넣고 반죽을
얇게 떠서 넣고 한소끔
끓이다가 다진 마늘 1과
소금을 넣어 간하고
부추와 홍고추를 넣어
살짝 더 끓인다.

2인분
요리 시간 25분

재료
두부 1/4모
찹쌀가루 75g
단팥 앙금 1/4컵
다진 땅콩 약간

대체 식재료
단팥 앙금 ▶ 고구마
또는 단호박 찐 것

Cooking Tip
경단은 끓는 물에 삶아
동동 떠오르면
1분 정도 더 끓이고
건지세요.

두부 찹쌀 경단

❶ 볼에 두부와
찹쌀가루를 넣고 손으로
뭉개면서 찹쌀가루가
덩어리지지 않고
부드럽게 뭉쳐질 때까지
반죽한다.

❷ 반죽 안에 단팥
앙금을 넣어 일정한
크기로 동그랗게
경단을 빚는다.

❸ 끓는 물에 소금을
약간 넣고 경단을
삶는다.

❹ 건진 경단에 다진
땅콩을 뿌린다.

두부 배추김치 피자

2인분
요리 시간 25분

재료
두부(부침용) 1모
식용유 적당량
배추김치 20g
느타리버섯 30g
피망 1/4개
양파 1/5개
토마토소스·피자 치즈
적당량씩
파슬리가루 약간
소금·후춧가루 약간씩

❶ 두부는 1cm 두께로 썰어 소금을 살짝 뿌리고 팬에 식용유를 두르고 앞뒤로 노릇하게 지진다.

❷ 배추김치는 소를 털어내서 송송 썰고, 느타리버섯은 가닥가닥 떼어내고, 피망과 양파는 채 썰어 볶아서 소금과 후춧가루로 간한다.

❸ 두부에 토마토소스를 바르고 배추김치, 느타리버섯, 피망, 양파를 올린다.

❹ 피자 치즈를 골고루 올린 다음 파슬리가루를 뿌리고 180℃로 예열한 오븐에서 10분 정도 굽는다.

4인분
요리 시간 30분

재료
두부 40g
밀가루(중력분) 100g
달걀물 1/3개분
검은깨 1
설탕 30g
식용유 적당량

대체 식재료
검은깨 ▶ 통깨, 파래가루,
파슬리가루

두부 검은깨 스낵

❶ 두부는 칼등으로
으깨어 물기를 짜지 말고
그대로 볼에 담고
밀가루와 달걀물을
넣어 섞는다.

❷ 검은깨를 넣어
반죽한다.

❸ 반죽을 비닐백에 넣어
10~15분 정도 그대로
둔다.

❹ 비닐백에 넣어둔
반죽을 꺼내 도마 위에
올리고 0.1cm 두께로
밀어 한입 크기로 자른
다음 170℃의 튀김기름에
튀긴다.

장바구니에 담는 단골 식재료 콩나물.
그동안 팍팍 무쳐만 드셨나요!

콩나물국이나 콩나물무침, 콩나물밥 등
기본 콩나물 요리에
콩나물 잡채, 콩나물 들깨찜, 콩나물 장조림 등
신인 콩나물 요리를 최정예 멤버로 구성했어요.
이름하여 맛있는 콩나물 요리 40

식구들 입맛 잡아주고,
가계부를 흑자로 이끌
효자 레시피입니다.

Chapter 2

맛있는 콩나물 요리 40

01

콩나물 김칫국

2인분
요리 시간 30분

재료
국물용 멸치 5~6마리
물 4컵
콩나물 100g
배추김치 100g
대파 1/2대
국간장 1
고춧가루 0.5
다진 마늘 1
소금·후춧가루 약간씩

❶ 멸치는 머리와 내장을 떼고 물 4컵을 부어 끓여 체에 밭쳐 국물만 준비하고 콩나물은 씻어 물기를 뺀다.

❷ 배추김치는 소를 털어내 썰고 대파는 어슷하게 썬다.

❸ 멸치 국물에 콩나물과 배추김치를 넣고 뚜껑을 덮고 국물이 끓기 시작하면 6~7분 정도 끓인다.

❹ 중간 불로 줄여 대파, 국간장 1, 고춧가루 0.5, 다진 마늘 1을 넣고 한소끔 끓여 소금과 후춧가루로 간한다.

02

액젓을 넣은 콩나물국

2인분
요리 시간 20분

재료
콩나물 150g
대파 1/4대
홍고추 1/4개
풋고추 1/4개
물 3컵
액젓 1
다진 마늘 0.3
소금 약간

Cooking Tip
액젓은 멸치액젓이나
까나리액젓을 넣으세요.

❶ 콩나물은 다듬어
씻어 건진다.

❷ 대파, 홍고추, 풋고추는
어슷하게 썬다.

❸ 냄비에 콩나물과
물 3컵을 부어 뚜껑을
덮고 끓인다.

❹ 5분 정도 지나
콩나물이 익으면 액젓 1,
다진 마늘 0.3, 소금을
넣어 간하고 대파,
홍고추, 풋고추를 넣고
한소끔 끓인다.

콩나물 북엇국

2인분
요리 시간 20분

재료
콩나물 100g
북어채 20g
풋고추·홍고추 1/2개씩
대파 약간
물 3컵
국간장 1
소금 약간

Cooking Tip
북어포를 이용할 때는
대가리는 잘라서
국물용으로 사용하고
껍질을 벗겨서 북어살을
손으로 찢으세요.

❶ 콩나물은 다듬어
씻어 건진다.

❷ 북어채는 먹기 좋은
크기로 자르고 풋고추,
홍고추, 대파는
어슷하게 썬다.

❸ 냄비에 콩나물과
북어를 담고 물 3컵을
부어 콩나물에서 고소한
냄새가 날 때까지 끓이
다가 국간장 1을 넣는다.

❹ 풋고추, 홍고추,
대파를 넣고 한소끔
끓이다가 소금으로
간한다.

04

콩나물 된장국

2인분
요리 시간 20분

재료
국물용 멸치 5~6마리
물 3컵
콩나물 100g
두부 1/4모
청양고추 1개
홍고추 1/2개
된장 2
고춧가루 약간
다진 파 1
다진 마늘 0.3
소금 약간

대체 식재료
두부 ▶ 유부

Cooking Tip
멸치에서 비린내가
많이 나면 팬에 볶아
비린내를 없앤 후
사용하거나 양파,
통후추 등을 넣어
끓인 후 청주 0.5 정도를
넣으세요.

❶ 냄비에 국물용 멸치와
물 3컵을 넣고 끓여
국물이 끓으면 불을 끄고
2~3분 정도 지나
멸치를 건져 낸다.

❷ 콩나물은 다듬어
깨끗이 씻고 두부는
먹기 좋은 크기로
깍둑썰기하고
청양고추와 홍고추는
씨째 송송 썬다.

❸ 멸치 국물에 된장 2를
풀어 넣고 콩나물을 넣어
한소끔 끓인 후 두부와
청양고추, 홍고추를
넣는다.

❹ 2~3분 정도 지나면
고춧가루 약간, 다진 파 1,
다진 마늘 0.3을 넣고
소금으로 간한다.

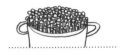

05

콩나물 냉국

2인분
요리 시간 20분

재료
콩나물 100g
풋고추·홍고추 1/2개씩
대파 약간
물 3컵
참치 한스푼 2
소금 약간

대체 식재료
참치진국 ▶ 액젓

❶ 콩나물은 머리와
꼬리를 다듬어 물에 씻어
건진다.

❷ 풋고추, 홍고추,
대파는 어슷하게 썬다.

❸ 냄비에 콩나물을 담고
물 3컵을 부어 끓기
시작하여 5분 정도 지나
콩나물에서 고소한
냄새가 나면 참치 한스
푼 2를 넣는다.

❹ 풋고추, 홍고추,
대파를 넣고 한소끔
끓이다가 소금으로
간하여 한 김 식혀
냉장고에 넣어 차갑게
먹는다.

2인분
요리 시간 20분

재료
콩나물 150g
대파 1/2대
다시마(5×5cm) 2장
물 3컵
새우젓 1
다진 마늘 0.3
고춧가루 0.3
소금 약간

06

콩나물 젓국

❶ 콩나물은 꼬리를
떼어내고 씻는다.

❷ 대파는 송송 썬다.

❸ 냄비에 콩나물과
다시마를 담고 소금을
약간 넣고 물 3컵을 부어
끓인다.

❹ 5분 정도 지나
콩나물이 익으면
새우젓 1, 다진 마늘 0.3,
고춧가루 0.3, 대파를
넣고 한소끔 끓여
소금으로 간한다.

명란과 무를 넣은 콩나물 알탕

Cooking Tip

알탕 재료로는 명란이 적당하고 냉동 상태의 명란은 완전히 해동해서
물기를 빼고 요리해야 비린내가 나지 않아요. 된장국을 끓일 때에는
된장을 체에 풀어서 넣고 걸러진 콩도 버리지 말고 국물에 넣으세요.
체에 풀어 넣는 이유는 된장이 덩어리져서 잘 풀어지지 않기 때문이에요.

2인분
요리 시간 30분

재료
명란 4덩이
콩나물 100g
무(2cm) 1토막
대파 1/4대
풋고추·홍고추 1/2개씩
쑥갓 약간
물 3컵

된장 0.5
고춧가루 1.5
다진 마늘 1
소금·후춧가루 약간씩

대체 식재료
쑥갓 ▶ 미나리

❶ 명란은 물에 살살 씻어
큰 것은 반으로 자른다.

❷ 콩나물은 머리와 꼬리를
떼고 씻어 체에 밭쳐 물기를
뺀다.

❸ 무는 납작하게 썰고 대파,
풋고추, 홍고추는 어슷하게
썰고 쑥갓은 물에 씻는다.

❹ 냄비에 물 3컵을 붓고 끓어
오르면 무를 넣어 무가 반쯤
익으면 된장 0.5를 넣어 푼다.

❺ 콩나물과 명란을 넣고
숟가락으로 거품을 걷어내며
5분 정도 끓인다.

❻ 고춧가루 1.5와 다진
마늘 1을 넣어 2분 정도
끓이다가 대파, 풋고추,
홍고추를 넣어 한소끔 끓여
소금, 후춧가루, 쑥갓을
넣는다.

콩나물 대구 맑은 탕과
고추냉이 간장

Cooking Tip
생선은 물기를 제거하지 않거나 냉동 상태가 완전히 해동되지 않았을 때
비린내가 많이 나요. 손질한 생선은 키친타월로 물기를 잘 걷어내서 사용하세요.

2인분
요리 시간 30분

대체 식재료
대구 ▶ 동태, 생태

주재료
대구 1마리
콩나물 200g
무(2cm) 1토막
양파 1/2개
청양고추 1개
홍고추 1개
대파 1대

팽이버섯 1/2봉
쑥갓 약간
다진 마늘 0.5
다진 생강·후춧가루·
소금 약간씩

고추냉이 간장 재료
간장 2
식초 0.5
맛술 1
고추냉이 약간

❶ 대구는 내장과 비늘을
제거하고 지느러미를 깔끔하게
정리해서 3~4토막으로 자른다.

❷ 콩나물은 머리와 꼬리를
떼고 물에 씻는다.

❸ 무는 껍질을 벗겨 납작하게
썰고 양파는 채 썰고 청양고추,
홍고추, 대파는 어슷하게 썰고
팽이버섯은 밑동을 자른다.

❹ 냄비에 무와 콩나물을 넣고
잠길 정도로 물을 붓고 끓인다.

❺ 6~7분 정도 끓이다가
대구, 양파, 다진 마늘 0.5,
다진 생강 약간을 넣고 한소끔
끓인 다음 청양고추, 홍고추,
대파를 넣는다.

❻ 소금과 후춧가루로 간하고
쑥갓과 팽이버섯을 올리고
한소끔 끓이다가 간장 2,
식초 0.5, 맛술 1, 고추냉이
약간을 섞어 고추냉이 간장을
만들어 곁들인다.

콩나물 무채국

09

2인분
요리 시간 25분

재료
무(2cm) 1토막
콩나물 100g
실파 3대
청양고추 1개
물 3컵
국간장 1
다진 마늘 0.5
소금 약간

❶ 무는 껍질을 벗겨 채 썰고 콩나물은 물에 씻어 건지고 실파는 3cm 길이로 썰고 청양고추는 굵게 다진다.

❷ 냄비에 무채, 콩나물을 담고 물 3컵을 부어 끓인다.

❸ 국물이 끓으면 국간장 1로 간한다.

❹ 부족한 간은 소금으로 하고 다진 마늘 0.5, 실파와 청양고추를 넣어 한소끔 끓인다.

10

콩나물 오징어국

2인분
요리 시간 25분

재료
오징어 1마리
콩나물 100g
실파 3대
풋고추·홍고추 1/3개씩
물 3컵
다진 마늘 0.5
참치 한스푼 2
소금·후춧가루 약간씩

대체 식재료
참치 한스푼 ▶ 멸치 한스푼
또는 해물 한스푼

❶ 오징어는 내장과
껍질을 제거해서 안쪽에
잔 칼집을 넣어 한입
크기로 썬다.

❷ 콩나물은 씻고
실파는 2cm 길이로
썰고 풋고추와 홍고추는
어슷하게 썬다.

❸ 냄비에 콩나물을
담고 물 3컵을 부어
끓어오르면 오징어,
다진 마늘 0.5,
참치 한스푼 2를 넣고
5분 정도 끓인다.

❹ 실파, 풋고추,
홍고추를 넣고 한소끔
끓여 소금과 후춧가루로
간한다.

콩나물 약고추장 비빔밥

2인분
요리 시간 35분

주재료
밥 2공기
콩나물 100g
표고버섯 2개
애호박 1/4개
깻잎 5장
청포묵 1/4개
소금·참기름 약간씩
식용유 적당량

약고추장 재료
다진 쇠고기 50g
고추장 3
물엿 1
간장 1
물 1/4컵
참기름 1
다진 잣 약간

쇠고기 양념 재료
다진 파·다진 마늘 약간씩
깨소금·후춧가루 약간씩

❶ 콩나물은 냄비에 담아 물을 붓고 삶아 소금과 참기름을 약간씩 넣어 무친다.

❷ 표고버섯과 애호박은 채 썰어 각각 볶아 소금으로 간하고 깻잎은 채 썰고 청포묵은 굵게 채 썰어 소금과 참기름으로 양념한다.

❸ 쇠고기에 다진 파, 다진 마늘, 깨소금, 후춧가루 약간씩을 넣고 양념해서 식용유를 두른 팬에 넣고 고추장 3, 물엿 1, 간장 1, 물 1/4컵을 넣고 볶다가 참기름 1과 다진 잣을 약간 뿌린다.

❹ 그릇에 밥과 재료를 돌려 담고 약고추장을 곁들인다.

99999

2인분
요리 시간 35분

주재료
쌀 1컵
무(2cm) 1토막
콩나물 150g
다시마(5×5cm) 1장
물 1컵
소금 약간

양념장 재료
간장 3
고춧가루 0.5
송송 썬 실파 2
참기름 1
검은깨 1

Cooking Tip
무와 콩나물에서 수분이
나오므로 밥물을 적게
부어야 해요.

12

콩나물 무밥과
간장 양념장

❶ 쌀은 깨끗이 씻어
20분 정도 불린다.

❷ 무는 채 썰고
콩나물은 다듬어
깨끗하게 씻는다.

❸ 냄비에 불린 쌀을
담고 다시마를 올린 다음
무와 콩나물 순으로 얹고
물 1컵과 소금을 약간
넣고 밥을 짓는다.

❹ 간장 3, 고춧가루 0.5,
송송 썬 실파 2, 참기름 1,
검은깨 1을 섞어
양념장을 만들어
곁들인다.

콩나물 현미 김밥

Cooking Tip
콩나물을 삶을 때 물을 너무 많이 부으면 맛이 없으니 물은 1컵 정도만 넣으세요.
또 온도차에 의해 콩나물의 비린내가 나니 충분히 익을 때까지 뚜껑을 열지 마세요.

2인분
요리 시간 30분

주재료
콩나물 150g
소금·깨소금·참기름 약간씩
익은 배추김치 2장
현미밥 1+1/2공기
김 2장
깻잎 4장

밥 양념 재료
소금·깨소금·참기름 약간씩

대체 식재료
현미밥 ▶ 흰밥, 흑미밥

❶ 콩나물은 씻어서 냄비에 담고 물 1컵을 부어 삶다가 김이 오르면 5분 정도 더 삶는다.

❷ 삶은 콩나물은 찬물에 헹구지 말고 그대로 체에 밭쳐 식히고 소금과 깨소금, 참기름 약간씩으로 간한다.

❸ 익은 배추김치는 씻어서 송송 썰어 물기를 짠다.

❹ 현미밥은 따끈하게 데워 소금과 깨소금, 참기름 약간씩을 넣고 골고루 섞어 식힌다.

❺ 김발 위에 김을 놓고 밥을 얇게 펴서 깻잎 2장을 올리고 콩나물과 김치를 올려 돌돌 만다.

❻ 콩나물 현미 김밥을 먹기 좋은 크기로 썬다.

시원한 콩나물국밥

Cooking Tip
국물을 우려내고 건진 다시마는 채 썰어 고명으로
올리면 좋아요. 북어나 표고버섯으로 육수를 내도 돼요.

2인분
요리 시간 30분

주재료
콩나물 150g
국간장 0.3
다진 마늘 0.5
소금 약간
밥 1공기
달걀 2개

육수 재료
국물용 멸치 5마리
다시마(5×5cm) 1장
물 4컵

곁들임 재료
다진 신 김치 1/4컵
다진 청양고추 2
송송 썬 대파 2
고춧가루·통깨 약간씩
새우젓 약간

❶ 냄비에 국물용 멸치와 다시마를 넣고 물 4컵을 부어 국물이 끓기 시작하면 5분 정도 끓이다가 국물을 체에 밭쳐 거른다.

❷ 냄비나 뚝배기에 콩나물과 육수를 넣고 뚜껑을 덮어 5분 정도 끓인다.

❸ 콩나물은 건져내고 국간장 0.3, 다진 마늘 0.5, 소금으로 간한다.

❹ 국물에 밥을 넣어 살짝 끓이고 건져놓은 콩나물을 넣고 한소끔 끓인다.

❺ 달걀 2개를 풀어 넣는다.

❻ 다진 신 김치, 다진 청양고추, 송송 썬 대파, 고춧가루, 통깨, 새우젓을 준비하여 식성대로 넣어 먹는다.

콩나물밥과 달래 양념장

Cooking Tip

콩나물밥에 곁들이는 국으로는 콩나물의 고소한 맛이 살아 있는 달걀국이나
된장국처럼 맑은 국이 적당해요. 맛이나 향이 강한 국은 콩나물밥 특유의 맛을
떨어뜨릴 수 있어요. 채 썬 쇠고기를 준비했을 때는 쇠고기, 쌀, 다시마, 콩나물
순으로 냄비에 담고 물을 부으세요. 또 달래는 너무 잘게 썰면 풋내가 나요.

2인분
요리 시간 30분

주재료
쌀 1+1/2컵
콩나물 300g(1봉)
다시마(10×10cm) 1장
물 2컵

양념장 재료
달래 1/2줌
홍고추 1/3개
간장 3
참기름 1
깨소금 1

대체 식재료
달래 ▶ 부추, 실파

① 쌀은 깨끗이 씻어 20분 정도 불린다.

② 콩나물은 꼬리를 떼고 다듬어 씻어 건진다.

③ 냄비에 불린 쌀과 다시마를 넣고 콩나물을 올린 다음 물 2컵을 부어 밥을 짓는다.

④ 달래는 뿌리를 다듬어 씻어 송송 썰고, 홍고추는 씨째 다진다.

⑤ 간장 3, 참기름 1, 깨소금 1을 섞어 달래 양념장을 만들어 먹기 직전에 달래와 홍고추를 섞어 콩나물밥에 곁들인다.

콩나물 조갯살 들깨죽

2인분
요리 시간 30분

재료
쌀 1/2컵
조갯살 50g
콩나물 100g
미나리 1줌
물 3컵
국간장·소금·참기름 약간씩
들깻가루 1/4컵

대체 식재료
조갯살 ▶ 굴, 새우

Cooking Tip
조갯살이나 해산물은
물에 너무 오래 씻으면
비린내가 날 수 있어요.
소금을 약간 넣은 소금물에
살살 씻어 사용하면
비린내가 나지 않아요.

❶ 쌀은 씻어 1시간 정도
불린다.

❷ 조갯살은 씻어 건지고
콩나물은 다듬어 씻고
미나리는 짧게 썬다.

❸ 냄비에 참기름을 두르고
조갯살을 넣고 1분 정도
볶다가 쌀을 넣어 3분 정도
볶은 다음 물 3컵을 붓고
끓인다.

❹ 쌀알이 푹 퍼지면 콩나물을
넣고 뚜껑을 덮어 익힌다.

❺ 10분 정도 지나 콩나물이
익으면 국간장과 소금으로
간하고 들깻가루를 넣는다.

❻ 미나리를 넣고 불을 끈다.

콩나물 배추김치죽

2인분
요리 시간 30분

재료
쌀 1/2컵
콩나물 100g
배추김치 800g
실파 4대
물 4컵
다진 마늘 0.5
참기름 2
국간장 0.5
소금 약간

Cooking Tip
식성에 따라 고춧가루를
넣으세요.

❶ 쌀은 씻어 30분 정도
불리고 콩나물은 다듬어
물에 씻고 배추김치는
송송 썰고 실파는 3cm
길이로 썬다.

❷ 냄비에 참기름을
두르고 불린 쌀을 넣어
3분 정도 볶다가 쌀알이
투명해지면 물 1컵을
붓는다.

❸ 물이 끓으면 콩나물과
배추김치를 넣고
물 3컵을 부어 끓인다.

❹ 10분 정도 지나
쌀알이 거의 퍼지면
다진 마늘 0.5와 실파를
넣고 국간장 0.5와
소금으로 간한다.

18

콩나물 유부무침

2인분
요리 시간 20분

재료
콩나물 150g
유부 5장
깻잎 2장
참치 한스푼 1
참기름 1
깨소금 1
소금 약간

대체 식재료
깻잎 ▶ 참나물, 달래, 부추

Cooking Tip
무침용 콩나물은
물기를 빼야
맛있게 먹을 수 있어요.

❶ 콩나물은 다듬어 씻어 체에 밭쳐 물기를 뺀다.

❷ 유부는 채 썰어 끓는 물에 데쳐 물기를 빼고 깻잎은 채 썬다.

❸ 콩나물에 참치 한스푼 1을 넣어 양념하고 유부를 넣는다.

❹ 소금으로 간하고 참기름 1과 깨소금 1을 넣고 깻잎을 넣어 살짝 버무린다.

콩나물 게맛살 겨자무침

Cooking Tip

발효 겨자는 겨자를 발효시켜 매운맛을 살린 것으로 튜브 상태로
판매하기도 해요. 겨자 소스를 만들 때 덩어리 겨자에 양념을 한꺼번에
넣고 섞으면 겨자가 잘 풀어지지 않을 수도 있으니 겨자에 물이나 식초를
넣어 부드럽게 풀어준 다음 나머지 양념을 넣으세요. 가루 겨자는
미지근한 물에 개어 따뜻한 곳에서 7~8분 정도 두었다가 사용하세요.

2인분
요리 시간 30분

주재료
콩나물 200g
게맛살 2줄
미나리 30g
소금 약간

겨자 소스 재료
발효 겨자 0.5
물 0.5
연유 1
설탕 1
식초 2
소금 0.3

대체 식재료
미나리 ▶ 피망, 풋고추

❶ 콩나물은 씻어 냄비에
담고 물을 약간만 부어 소금을
약간 넣고 삶아 체에 밭쳐 한
김 식힌다.

❷ 게맛살은 반으로 잘라
가늘게 찢는다.

❸ 미나리는 다듬어
4cm 길이로 썬다.

❹ 발효 겨자 0.5, 물 0.5,
연유 1, 설탕 1, 식초 2,
소금 0.3을 섞어 겨자 소스를
만든다.

❺ 볼에 한 김 식힌 콩나물,
게맛살, 미나리를 넣고 겨자
소스를 넣어 살살 무친다.

콩나물 고춧가루무침

2인분
요리 시간 20분

주재료
콩나물 200g
소금 0.5

양념 재료
고춧가루 1
다진 마늘 0.5
다진 파 2
참기름 1
소금 0.5
통깨 1

Cooking Tip
콩나물을 데쳐 찬물에
헹구지 마세요.

❶ 콩나물은 깨끗이
다듬어 씻어 체에 밭쳐
물기를 뺀다.

❷ 냄비에 콩나물을
담고 물을 1컵 정도 부어
소금을 약간 넣고 데쳐
체에 밭쳐 한 김 식힌다.

❸ 양념 재료인
고춧가루 1, 다진 마늘
0.5, 다진 파 2,
참기름 1, 소금 0.5를
섞는다.

❹ 콩나물에 양념장을
넣고 조물조물 무쳐
그릇에 담고 통깨 1을
뿌린다.

21

콩나물 소금무침

2인분
요리 시간 20분

재료
콩나물 200g
홍고추 1/2개
다진 파 1
다진 마늘 0.5
소금 약간
참기름 1
깨소금 약간

Cooking Tip
깨소금은 분마기나
깨갈이로 곱게
갈아 넣어야
콩나물과 잘 어우러져
고소한 맛이 나요.

❶ 콩나물은 깨끗이
다듬어 씻어 체에 밭쳐
물기를 빼고 홍고추는
굵게 다진다.

❷ 냄비에 콩나물을
담고 물을 1컵 정도 부어
소금을 약간 넣고 데쳐
한 김 식힌다.

❸ 콩나물에 다진 파 1,
다진 마늘 0.5,
소금 약간을 넣어
조물조물 무친다.

❹ 참기름 1, 깨소금 약간,
홍고추를 넣어 무친다.

초간장 콩나물 냉채

2인분
요리 시간 30분

주재료
콩나물 200g
표고버섯 2개
미나리 30g
소금 약간

초간장 재료
간장 2
식초 1.5
설탕 1
물 0.5
통깨 0.5

❶ 콩나물은 머리와 꼬리를 다듬어 냄비에 담고 물을 약간 부어 소금을 약간 넣고 삶아 건져 식힌다.

❷ 표고버섯은 물에 불려 물기를 꼭 짜고 곱게 채 썰어 볶는다.

❸ 끓는 물에 소금을 약간 넣고 미나리를 데쳐 찬물에 헹구어 먹기 좋은 길이로 썬다.

❹ 초간장 재료인 간장 2, 식초 1.5, 설탕 1, 물 0.5, 통깨 0.5를 섞어 콩나물, 표고버섯, 미나리를 넣어 살살 버무린다.

콩나물 참나물무침

2인분
요리 시간 20분

주재료
콩나물 200g
물 1/2컵
소금 약간
참나물 1/2줌

양념 재료
액젓 2
고춧가루 1
식초 1.5
설탕 1
깨소금 1
참기름 1

Cooking Tip
물을 조금만 넣고 삶아야
콩나물이 아삭아삭해요.

❶ 콩나물은 다듬어
씻어 냄비에 담고
물 1/2컵을 부어 소금을
약간 넣고 찌듯이 삶아
한 김 식힌다.

❷ 참나물은 물에 씻어
먹기 좋은 크기로 썬다.

❸ 양념 재료인 액젓 2,
고춧가루 1, 식초 1.5,
설탕 1, 깨소금 1,
참기름 1을 섞고
콩나물을 넣어 조물조물
무친다.

❹ 참나물을 넣어 살살
무친다.

(24)

콩나물 해초무침

❶ 콩나물은 머리와
꼬리를 떼고 씻어
냄비에 담고 물을 약간
부어 소금을 약간 넣고
아삭하게 익혀 식힌다.

❷ 마른 해초는 찬물에
불려 건진다.

❸ 양념 재료인
간장 0.3, 식초 1.5,
설탕 1, 소금 0.3,
다진 마늘 0.3을 섞는다.

❹ 양념장에 콩나물과
해초를 넣어 버무린다.

25

콩나물볶음

2인분
요리 시간 20분

재료
콩나물 150g
풋고추 1/2개
홍고추 1/2개
참기름 2
국간장 1
소금 약간
깨소금 약간

❶ 콩나물은 꼬리를 떼고 다듬어 씻어 체에 밭쳐 물기를 뺀다.

❷ 풋고추와 홍고추는 반으로 갈라 어슷하게 썬다.

❸ 팬을 달구어 참기름을 두르고 콩나물을 넣어 볶다가 국간장 1을 넣고 뚜껑을 덮어 익힌다.

❹ 3~4분 정도 지나 콩나물이 익으면 소금으로 간하고 홍고추와 풋고추를 넣고 살짝 볶아 깨소금을 뿌린다.

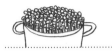

26

매운 콩나물 볶음

2인분
요리 시간 25분

주재료
콩나물 200g
돼지고기(살코기) 100g
양파 1/4개
실파 5대
홍고추 1개
식용유 적당량
고춧가루 1
다진 마늘 0.3
다진 생강 약간
간장 0.5
소금·후춧가루 약간씩
깨소금·참기름 약간씩

돼지고기 밑간 재료
청주·후춧가루 약간씩

❶ 콩나물은 꼬리를 다듬어 씻어 건지고, 돼지고기는 채 썰어 청주와 후춧가루 약간씩을 뿌려 밑간한다.

❷ 양파, 실파, 홍고추는 채 썬다.

❸ 팬을 달구어 식용유를 두르고 돼지고기를 넣어 볶다가 반 정도 익으면 콩나물과 양파를 넣고 고춧가루 1, 다진 마늘 0.3, 다진 생강을 약간 넣어 볶는다.

❹ 3~4분 정도 지나 콩나물이 부드럽게 익으면 홍고추, 실파, 간장 0.5, 소금, 후춧가루, 깨소금, 참기름을 넣어 고루 섞는다.

2인분
요리 시간 20분

재료
콩나물 200g
양파 1/2개
고추기름 2
식용유 1
다진 마늘 1
간장 1
소금·후춧가루 약간씩
송송 썬 홍고추 약간

⑦

중국식 콩나물볶음

❶ 콩나물은 다듬어 씻어 체에 밭쳐 물기를 빼고, 양파는 굵직하게 채 썬다.

❷ 팬을 달구어 고추기름 2와 식용유 1을 두르고 다진 마늘 1을 넣어 볶는다.

❸ 양파를 넣어 숨이 약간 죽을 정도로 볶다가 콩나물을 넣어 뒤적이며 볶는다.

❹ 3~4분 정도 지나 콩나물의 숨이 살짝 죽으면 간장 1, 소금과 후춧가루로 간하고 송송 썬 홍고추를 넣는다.

28

오삼 콩나물볶음

Cooking Tip
돼지고기는 삼겹살이나 목살로 준비하고
오징어 대신 주꾸미나 낙지 등을 넣어도 좋아요.

2인분
요리 시간 30분

주재료
돼지고기(삼겹살) 200g
오징어 1마리
콩나물 150g
양파 1/4개
깻잎 5장
풋고추·홍고추 1개씩
대파 1/2대
소금·참기름 약간씩

돼지고기 양념 재료
고추장 2
고춧가루 1
맛술 1
설탕 0.5
다진 마늘 1
참기름 1
후춧가루 약간

양념 재료
고춧가루 2
간장 1
맛술 1
물엿 1
다진 마늘 0.5
후춧가루 약간

❶ 삼겹살은 먹기 좋은 크기로
썰어 고추장 2, 고춧가루 1,
맛술 1, 설탕 0.5, 다진 마늘 1,
참기름 1, 후춧가루 약간을
넣어 양념하고 오징어는 먹기
좋은 크기로 썬다.

❷ 콩나물은 머리와 꼬리를
다듬어 씻고 양파와 깻잎은
채 썰고 풋고추, 홍고추,
대파는 어슷하게 썬다.

❸ 양념 재료인 고춧가루 2,
간장 1, 맛술 1, 물엿 1,
다진 마늘 0.5, 후춧가루
약간을 섞는다.

❹ 팬에 돼지고기와 양파,
양념장의 반을 넣어 볶다가
돼지고기가 익으면 오징어를
넣어 볶는다.

❺ 콩나물을 넣고 뚜껑을 덮어
김이 오르면 3~4분 정도
익히다가 나머지 양념장,
풋고추, 홍고추를 넣고
뒤적이며 볶는다.

❻ 대파, 깻잎, 참기름을 넣어
고루 섞는다.

29

콩나물 코다리찜

2인분
요리 시간 40분

주재료
코다리 1마리
미더덕 50g
소금 약간
콩나물 200g
미나리 50g
풋고추·홍고추 1/2개씩
대파 1/2대
물 1컵
녹말물 2
통깨·참기름 0.5씩

양념 재료
국간장 1
고춧가루 2
참치 한스푼 1
맛술 1.5
설탕 0.3
다진 마늘 1
후춧가루 약간

❶ 코다리는 내장과
지느러미를 제거하고
4cm 길이로 토막을 내고
미더덕은 소금물에 씻어
꼬치로 끝을 살짝
터뜨린다.

❷ 콩나물은 머리와
꼬리를 떼고 미나리는
잎을 떼고 줄기만 적당한
크기로 썰고 풋고추,
홍고추, 대파는
어슷하게 썬다.

❸ 양념 재료인
국간장 1, 고춧가루 2,
참치 한스푼 1, 맛술 1.5,
설탕 0.3, 다진 마늘 1,
후춧가루 약간을
섞는다.

❹ 냄비에 코다리,
미더덕, 콩나물을 담고
물 1컵을 부어 5분 정도
끓이다가 양념장, 홍고추,
풋고추를 넣어 한소끔
끓인 다음 녹말물 2와
미나리를 넣어 한소끔
끓이고 통깨와
참기름 0.5씩을 넣는다.

30

콩나물 들깨찜

2인분
요리 시간 30분

재료
콩나물 300g
고사리 50g
느타리버섯 100g
미나리 50g
홍고추·풋고추 1/2개씩
물 1컵
국간장 1.5
들깻가루 1/4컵
녹말물 2
소금·후춧가루·통깨 약간씩

❶ 콩나물은 머리와 꼬리를 떼고 씻어 삶는다.

❷ 고사리는 씻어 다듬고 느타리버섯은 먹기 좋게 찢어 소금물에 살짝 데치고 미나리는 4cm 길이로 썰고 풋고추와 홍고추는 어슷하게 썬다.

❸ 팬에 콩나물, 고사리, 느타리버섯을 담고 물 1컵을 부어 5분 정도 끓이다가 국간장 1.5를 넣고 들깻가루 1/4컵을 넣고 풋고추와 홍고추를 넣고 2분 정도 끓인다.

❹ 녹말물 2를 부어 걸쭉해지면 미나리를 넣고 소금과 후춧가루로 간해서 통깨를 뿌린다.

콩나물 매운 아귀찜

Cooking Tip
아귀는 약간 말려서 찜을 하면
꼬들꼬들한 맛이 나요. 말리기 어려울 때에는 비린내가 나지 않도록 데쳐서 사용하면 돼요.
한 번에 많은 양의 아귀찜을 만들어야 할 때는 콩나물을 찜통에 따로 쪄서 사용하는 것이 좋아요.
또 양념장을 미리 만들어 숙성시켜 요리하면 감칠맛이 나요.

2인분
요리 시간 40분

대체 식재료
캡사이신 ▶ 청양고춧가루

주재료
아귀 1마리(900g)
물 3컵
미더덕 100g
콩나물 300g
청양고추 2개
홍고추 1개
대파 1/2대
미나리 1줌

아귀 삶은 물 1+1/2컵녹말물 2
참기름 1
통깨 1
소금·후춧가루 약간씩

아귀 양념 재료
된장 1
청주 1

양념 재료
고춧가루 2
간장 2
설탕 0.5
다진 마늘 2
다진 생강 약간
캡사이신 약간

❶ 아귀는 옅은 소금물에 살살 흔들어 씻어 물기를 충분히 빼서 냄비에 물 3컵, 된장 1, 청주 1을 넣고 끓여 데치고 미더덕은 옅은 소금물에 씻어 꼬치로 끝을 살짝 터뜨린다.

❷ 콩나물은 줄기가 통통한 찜용으로 준비해 머리와 꼬리를 떼어 씻고 청양고추는 송송 썰고 홍고추와 대파는 어슷하게 썰고 미나리는 잎을 떼고 줄기만 5cm 길이로 썬다.

❸ 양념 재료인 고춧가루 2, 간장 2, 설탕 0.5, 다진 마늘 2, 다진 생강과 캡사이신 약간씩을 섞는다.

❹ 팬에 아귀와 아귀 삶은 물 1+1/2컵을 붓고 끓인다.

❺ 국물이 끓으면 미더덕, 콩나물, 대파, 청양고추, 홍고추, 양념장을 넣고 뚜껑을 덮고 끓여 바글바글 끓으면 살살 뒤적인다.

❻ 채소가 익을 때까지 7~8분 정도 끓이다가 녹말물 2를 풀어 걸쭉해지면 미나리를 넣고 참기름을 뿌려 접시에 담고 통깨를 뿌린다.

콩나물 장조림

2인분
요리 시간 30분

재료
콩나물 500g
다시마(5×5cm) 1장
물 1/2컵
진간장 3
물엿 1
설탕 0.3
참기름 약간

Cooking Tip
장조림에는 진간장을
사용하세요.

❶ 콩나물은 다듬어 씻어 냄비에 담고 다시마와 물 1/2컵을 부어 뚜껑을 덮고 익힌다.

❷ 김이 오르고 5분 정도 지나 콩나물이 익으면 뚜껑을 열고 진간장 3, 물엿 1, 설탕 0.3을 넣고 끓인다.

❸ 은근한 불로 줄여 조린다.

❹ 국물이 거의 졸아들면 불을 끄고 참기름을 약간 넣는다.

33

콩나물 채소 만두

2인분
요리 시간 40분

주재료
콩나물 150g
봄동 200g
느타리버섯 50g
풋고추 1개
소금·참기름·깨소금 약간씩
만두피 1팩

초간장 재료
간장 2
식초 0.5
고추기름 0.3

대체 식재료
봄동 ▶ 배추, 배추김치

❶ 콩나물은 다듬어
끓는 물에 삶아 짤막하게
썰고 봄동은 끓는 물에
데쳐 물기를 꼭 짜고
송송 썰어 소금과
참기름으로 버무린다.

❷ 느타리버섯은 손으로
찢어 끓는 물에 데쳐
물기를 짜서 송송 썰고
풋고추는 다진다.

❸ 볼에 콩나물, 봄동,
느타리버섯, 풋고추를
넣고 소금, 참기름,
깨소금 약간씩을 넣고
버무린다.

❹ 만두피에 준비한 소
재료를 넣고 만두를
빚어서 찜통에 찌고
간장 2, 식초 0.5,
고추기름 0.3을 섞어
초간장을 만들어
곁들인다.

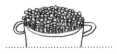

34

콩나물 춘권튀김

2인분
요리 시간 30분

주재료
콩나물 150g
돼지고기 50g
부추 1줌
식용유 적당량
참기름·깨소금 약간씩
춘권 8장

돼지고기 양념 재료
간장 0.3
녹말가루 0.3
설탕·후춧가루·참기름 약간씩

대체 식재료
부추 ▶ 실파, 피망, 고추

   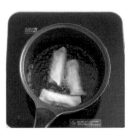

❶ 콩나물은 다듬어 씻어 삶고 돼지고기는 곱게 채 썰어 양념 재료를 넣어 버무리고 부추는 다듬어 4cm 길이로 썬다.

❷ 팬에 식용유를 두르고 돼지고기와 부추를 볶아 식히고 콩나물과 참기름, 깨소금을 약간씩 넣어 버무린다.

❸ 춘권에 소를 넣고 돌돌 말아 끝에 물을 살짝 발라 벌어지지 않도록 붙인다.

❹ 180℃의 튀김기름에 바삭하게 튀긴다.

35

콩나물 김치전

2인분
요리 시간 25분

재료
콩나물 150g
배추김치 100g
홍고추 1개
부침가루 1컵
달걀 1개
물 1/2컵
식용유 적당량

Cooking Tip
식용유를 뜨겁게 달궈서
전을 지져야 기름이 많이
흡수되지 않아요.

❶ 콩나물은 다듬어
씻어 물기를 빼고 2cm
길이로 썬다.

❷ 배추김치는 소를
털어내고 물기를 짜서
송송 썰고 홍고추는
씨째 송송 썬다.

❸ 볼에 콩나물,
배추김치, 홍고추를 담고
부침가루, 물, 달걀을
넣어 반죽한다.

❹ 팬을 달구어 식용유를
두르고 반죽을 한 국자씩
떠 넣어 앞뒤로 노릇하게
지진다.

콩나물 돼지고기
두루치기

2인분
요리 시간 30분

주재료
돼지고기
(목살 또는 삼겹살) 200g
콩나물 200g
느타리버섯 1/2팩
양파 1/2개
대파 1/2대
물 1/2컵
참기름 약간

양념 재료
진간장 2
고춧가루 2
다진 마늘 1
물엿 0.3
설탕 0.3
식용유 1
참기름·깨소금 약간씩

Cooking Tip
돼지고기 목살이나
삼겹살은 얇게 썬 것으로
준비하세요.
고기가 너무 두꺼우면
콩나물이 오래 익어서
아삭한 맛이 덜해요.

❶ 돼지고기는 먹기 좋은
크기로 썰고 콩나물은 다듬어
씻어 체에 받쳐 물기를 뺀다.

❷ 느타리버섯은 가닥가닥
떼어 먹기 좋게 찢고 양파는 채
썰고 대파는 어슷하게 썬다.

❸ 양념 재료인 진간장 2,
고춧가루 2, 다진 마늘 1,
물엿 0.3, 설탕 0.3, 식용유 1,
참기름과 깨소금 약간씩을
섞는다.

❹ 냄비에 콩나물을 반쯤 깔고
돼지고기와 양파도 반쯤 올리고
양념장도 반쯤 끼얹는다. 남은
콩나물, 돼지고기, 느타리버섯을
담고 양념장을 고루 끼얹고
물 1/2컵을 부어 뚜껑을 덮고
끓인다.

❺ 5분 정도 지나 콩나물의
숨이 죽으면 살살 뒤적인다.

❻ 대파를 넣고 골고루 섞은
다음 참기름을 두른다.

얼큰 김치
콩나물 칼국수

Cooking Tip
칼국수용 육수로는 멸치 국물도 적당한데 북어나 표고버섯으로
육수를 내도 좋아요. 북어는 끓는 물에 양파, 대파와 함께 대가리를 넣고 삶아
고운체에 밭쳐 국물만 사용하고 표고버섯은 표고버섯 불린 물을 넣으면 돼요.

2인분
요리 시간 30분

재료
콩나물 100g
신 배추김치 100g
대파 1/2대
청양고추 1개
멸치 국물 5컵
다진 마늘 1

국간장 1
칼국수 생면 150g
고춧가루·소금·
후춧가루 약간씩

대체 식재료
칼국수 생면 ▶ 쌀국수, 소면

❶ 콩나물은 다듬어 씻어
건진다.

❷ 신 배추김치는 소를
털어내고 송송 썬다.

❸ 대파는 어슷하게 썰고
청양고추는 송송 썬다.

❹ 냄비에 콩나물과
신 배추김치를 담고
멸치 국물 5컵을 부어 끓인다.

❺ 국물이 끓으면 다진 마늘 1,
국간장 1, 칼국수를 넣어
끓인다.

❻ 청양고추, 대파, 고춧가루를
넣고 한소끔 끓여 소금과
후춧가루로 간한다.

㊳

콩나물 비빔쫄면

2인분
요리 시간 35분

주재료
콩나물 100g
쫄면 200g
양배추 2장
당근 약간
상추 4장
무 초절임 약간
삶은 달걀 1개
소금·참기름 약간씩

초고추장 재료
고추장 3
고춧가루 0.5
간장 1
설탕 2
식초 3
매실청 1
깨소금 1

❶ 콩나물은 다듬어 씻어 냄비에 담고 물을 1/2컵 정도 부어 익히고 쫄면은 가닥가닥 떼어 삶아 찬물에 헹구어 물기를 뺀다.

❷ 양배추, 당근, 상추, 무 초절임은 채 썰고 삶은 달걀은 반으로 자른다.

❸ 고추장 3, 고춧가루 0.5, 간장 1, 설탕 2, 식초 3, 매실청 1, 깨소금 1을 섞어 초고추장을 만든다.

❹ 그릇에 쫄면을 담고 준비한 재료를 돌려 담아 참기름을 뿌리고 초고추장을 곁들인다.

콩나물 잡채

2인분
요리 시간 30분

주재료
콩나물 300g
당면 100g
풋고추 1개
물 1/4컵
다시마(5×5cm) 1장

양념 재료
간장 3
흑설탕 2
참기름 1
후춧가루 약간

❶ 콩나물은 꼬리를
떼고 다듬어 씻어 물기를
빼고 당면은 찬물에
담가 30분 정도 불려
적당한 크기로 썰고
풋고추는 5cm 길이로
채 썬다.

❷ 양념 재료인 간장 3,
흑설탕 2, 참기름 1,
후춧가루 약간을
섞는다.

❸ 냄비에 콩나물과
다시마를 담고
물 1/4컵을 부어 뚜껑을
덮고 김이 오르기 시작해
5분 정도 익혀 다시마를
건져내고 콩나물을
냄비의 한쪽으로 몰아
당면과 양념장을 넣고
섞는다.

❹ 수분이 거의 없어질
때까지 졸이다가
풋고추를 넣고 살짝
볶는다.

콩나물 채소 비빔국수

Cooking Tip
면을 삶을 때 건면은 끓는 물에 소금을 약간 넣고 저어가며 익히다가
끓어오르면 찬물을 붓고 다시 끓이세요. 생면은 끓는 물에 소금을 약간 넣고 끓이다가
물이 끓어오르면 젓가락으로 살살 저어서 익힌 다음 찬물을 붓고 다시 끓이면 돼요.

2인분
요리 시간 35분

주재료
콩나물 100g
단무지 50g
당근 1/6개
오이 1/2개
국수 150g
소금·참기름 약간씩

양념 재료
송송 썬 실파 3
간장 3
고춧가루 1
맛술 1
참기름 1
깨소금 0.5

대체 식재료
오이 ▶ 호박, 부추

❶ 콩나물은 다듬어 씻고
끓는 물에 아삭하게 데친다.

❷ 단무지는 채 썰고 당근과
오이는 곱게 채 썬다.

❸ 양념 재료인 송송 썬
실파 3, 간장 3, 고춧가루 1,
맛술 1, 참기름 1,
깨소금 0.5를 섞는다.

❹ 끓는 물에 국수를 넣어
삶다가 물이 끓어 넘치려고
하면 찬물을 1컵 붓고 다시
끓어오르면 불을 끈다.

❺ 삶은 국수는 흐르는 물에
여러 번 헹궈 물기를 빼고
소금과 참기름을 넣어
버무린다.

❻ 그릇에 면을 담고 콩나물과
채소를 올리고 양념장을
얹는다.

미처 장을 보지 못했을 때나
간단하게 한 끼를 해결하고 싶을 때
냉장고를 열면 반갑게 맞아주는 황금 식재료가 있어요.

쪄서 먹고
부쳐도 먹고
볶음밥을 만들기도 하고
국을 끓이기도 하는 고마운 달걀.

365일 만들어 먹을 수 있는
철없는 55가지 달걀 요리를 공개할게요.
아직 서툴기만 한 기본 달걀 요리와
색다른 달걀 요리도 준비되어 있으니
입맛대로 골라 드세요.

Chapter 3

만만한 달걀 요리 55

아침에 먹는
달걀 요리 세 가지

Cooking Tip
달걀 요리는 전용 팬을 사용하면 더욱 쉽고
오믈렛은 크기가 작은 팬을 활용하면 모양 잡기가 좋아요..

2인분
요리 시간 30분

대체 재료
양파, 파프리카 ▶ 버섯

오믈렛 재료
달걀 2개
우유 2
양파·파프리카·실파 약간씩
식용유 약간
후춧가루·소금 약간씩

일본식 달걀프라이 재료
달걀 2개
물 2~3
식용유 약간
후춧가루·소금 약간씩

스크램블드에그 재료
달걀 2개
마요네즈 1
버터 약간
후춧가루·소금 약간씩

[오믈렛]

❶ 달걀은 잘 풀어서 우유와 함께 양파, 파프리카, 실파를 다져 넣고 소금과 후춧가루로 간을 한다.

[일본식 달걀프라이]

❶ 팬을 달군 뒤 식용유를 두르고 달걀을 깨뜨려 넣는다.

[스크램블드에그]

❶ 달걀을 잘 풀어 마요네즈와 섞은 뒤 소금과 후춧가루를 넣어 간을 한다.

❷ 팬을 달구어 식용유를 두르고 달걀 물을 부은 뒤 중간 불에서 스크램블 하듯 익혀 타원형으로 모양을 잡는다.

❷ 1분 정도 지나 달걀흰자가 다 익기 전에 물 2~3을 넣고 뚜껑을 덮는다. 흰자가 완전히 익으면 소금과 후춧가루로 간을 한다.

❷ 팬을 달군 뒤 버터를 두른다. 중간 불에서 달걀 물을 넣고 젓가락으로 저어주며 스크램블드에그를 만든다.

02

순두부 달걀찜

2인분
요리 시간 20분

재료
달걀 2개
물 1/2컵
대파 1/3대
당근 30g
순두부 100g
소금 약간

Cooking Tip
김이 오른 찜통에
10분 정도 쪄도 돼요.

① 볼에 달걀을 곱게
풀고 물 1/2컵을 넣어
고루 섞는다.

② 대파와 당근은 씻어
곱게 다져 달걀물에
넣는다.

③ 순두부는 숟가락으로
한입 크기로 떠 넣고
대강 섞고 소금으로
간한다.

④ 볼에 랩을 씌우고
전자레인지에서 2분 정도
익힌다.

2인분
요리 시간 20분

재료
달걀 3개
실파 2대
홍고추 1/4개
다시마 우린 물 1컵
새우젓 0.5
소금 약간

대체 식재료
홍고추 ▶ 당근
실파 ▶ 대파

Cooking Tip
달걀찜에 넣을 달걀은 꼭
체에 내려야 보드라워요.

전자레인지에서 달걀찜
만드는 법은 209쪽을
참조하세요.

03

뚝배기 달걀찜

❶ 달걀은 풀어 체에
내리고 송송 썬 실파를
넣어 섞고 홍고추는
씨를 제거하고 잘게
썬다.

❷ 뚝배기에 다시마
우린 물을 넣고 끓으면
달걀물을 넣고 달걀이
엉길 때까지 숟가락으로
천천히 저으면서
센 불에 익힌다.

❸ 새우젓 0.5와 소금
약간을 넣어 뚜껑을
덮고 2~3분 정도
약한 불로 익힌다.

❹ 달걀이 뚝배기의
2/3 정도 올라오면
홍고추를 올리고 불을
끈 다음 뚜껑을 덮고 1분
정도 뜸을 들인다.

일본풍 달걀찜

04

2인분
요리 시간 20분

주재료
달걀 2개
새우 2개
표고버섯 1/2개
은행 2개
쑥갓 약간
가다랑어포 국물 1/2컵
소금 약간

가다랑어포 국물 재료
물 1컵
다시마(5×5cm) 1장
가다랑어포 1/2줌(4g)

Cooking Tip
가츠오부시라는 이름으로
판매되는 가다랑어포는
국물을 우려 국이나 찌개,
볶음 요리에 넣으면 특유의
감칠맛이 나요.

❶ 물에 다시마를 넣어
1~2분 정도 끓이다가
가다랑어포를 넣고 불을
끄고 국물만 준비한다.

❷ 달걀에 가다랑어포
국물을 섞어 잘 풀고
고운체에 걸러 소금으로
간한다.

❸ 새우는 끓는 물에
데쳐서 물기를 빼고
표고버섯은 물에 불려
작게 썰고 은행은 껍질을
벗기고 쑥갓도 준비한다.

❹ 찜그릇에 새우, 은행,
표고버섯을 넣고
달걀물을 80% 정도
채워 랩을 씌우고
전자레인지에서 2분 정도
익혀 쑥갓을 올린다.

2인분
요리 시간 10분

재료
파프리카 1/2개
식용유 약간
달걀 2개
소금·후춧가루 약간씩

대체 식재료
파프리카 ▶ 양파, 피망

Cooking Tip
익히는 시간에 따라서
완숙이나 반숙으로
익히세요.

05

파프리카 달걀 프라이

❶ 파프리카는
동그랗게 모양을 살려
1cm 두께로 썬다.

❷ 팬을 달구어
식용유를 두르고
파프리카를 넣고
파프리카 안에 달걀을
넣는다.

❸ 달걀에 소금과
후춧가루를 뿌린다.

❹ 달걀이 적당히 익으면
파프리카를 뒤집어
나머지 면도 익힌다.

채소 달걀말이와
김 달걀말이

Cooking Tip

달걀말이는 달걀말이 전용 팬인 사각팬을 이용하면 반듯하게 만들 수 있어요.
사각팬은 지단이나 달걀말이용으로만 사용하면 쉽게 눌어붙지 않아요.
달걀물의 윗면이 약간 덜 익었을 때 말아야 모양이 흐트러지지 않아요.
뜨거울 때 김발에 말아 꼭꼭 누르면서 반듯하게 형태를 잡으세요.

2인분
요리 시간 25분

채소 달걀말이 재료
달걀 4개
소금 약간
당근 1/8개
양파 1/6개
쪽파 3대
식용유 1

김 달걀말이 재료
달걀 4개
소금 약간
김 1장
식용유 1

대체 식재료
쪽파 ▶ 대파, 피망

[채소 달걀말이]

❶ 그릇에 달걀을 풀어
소금으로 간하고 당근, 양파,
쪽파를 잘게 다져 달걀물에
넣는다.

❷ 팬을 달구어 식용유를
두르고 불을 약하게 줄여
달걀물의 1/3만 붓고 익기
시작하면 끝 쪽에서부터 접어
돌돌 만다.

❸ 어느 정도 말아졌으면
달걀의 끝 부분을 위로 살짝
들고 식용유를 약간 더 두르고
남은 달걀물을 부어 살짝 더
익혀 먼저 말아둔 달걀말이와
이어 말아서 달걀말이가 식으면
적당한 두께로 썬다.

[김 달걀말이]

❶ 그릇에 달걀을 풀어
소금으로 간한다.

❷ 팬을 달구어 식용유를
두르고 불을 약하게 줄여
달걀물의 1/3만 붓고 반으로
접어 잘라둔 김 1/2장을
올리고 익기 시작하면
끝 쪽에서부터 접어 돌돌 만다.

❸ 어느 정도 말아졌으면 달걀의
끝 부분을 위로 살짝 들고
식용유를 약간 더 두르고 남은
달걀물을 부어 남은 김 1/2장을
올리고 살짝 더 익혀 먼저 말아둔
달걀말이와 이어 말아서 식으면
적당한 두께로 썬다.

07

햄 달걀말이

2인분
요리 시간 15분

재료
달걀 3개
소금 약간
햄(통조림) 1/2개
당근 1/8개
실파 4대

대체 식재료
햄 ▶ 두부

❶ 달걀은 잘 풀어서
소금으로 간한다.

❷ 햄은 0.5cm 두께로
자르고 당근은 곱게
다지고 실파는 송송
썬다.

❸ 달걀물에 당근과
실파를 넣어 섞고
사각팬에 일부만 넣어
익히다가 달걀이 다
익기 전에 햄을 얹는다.

❹ 다시 달걀물을 넣어
마는 과정을 반복하여
한 김 식혀 적당한 두께로
썬다.

2인분
요리 시간 30분

주재료
달걀 5개
배추김치 약간
피자 치즈 1/2컵
마요네즈 돈가스 소스 적당량
가쓰오부시 약간
식용유 적당량
청주 1
후춧가루·소금 약간씩

대체 식재료
배추김치 ▶ 양파, 대파

Cooking Tip
달걀은 간을 해서
풀어두면 흰자,
노른자가 잘 섞여 매끈한
달걀말이가 됩니다.

08

이자카야 달걀말이

❶ 볼에 달걀을 깨뜨려 청주, 소금, 후춧가루를 넣고 잘 푼다.

❷ 배추김치는 소를 털고 물기를 짠 후 송송 썬다.

❸ 사각 팬에 식용유를 두르고 달걀 물을 조금 부은 후 배추김치와 피자 치즈를 올려 돌돌 만다.

❹ 남은 달걀 물을 조금씩 나눠 부으면서 은근한 불에 익혀 도톰하게 달걀말이를 완성한 후 접시에 담고 그 위에 가쓰오부시를 올린 뒤 마요네즈, 돈가스 소스를 뿌린다.

달걀 식빵말이

2인분
요리 시간 20분

주재료
식빵 1장, 달걀 3개, 우유 2, 슬라이스 햄 1장, 모차렐라 치즈(또는 스트링 치즈) 1조각, 버터 약간, 시럽(또는 꿀) 2, 소금 약간

대체 식재료
모차렐라 치즈 ▶ 슬라이스 치즈

❶ 달걀은 우유와 소금을 넣어 잘 푼다.

❷ 식빵은 가장자리를 잘라내고 반으로 잘라 달걀 물에 적신다.

❸ 팬에 남은 달걀 물 일부를 붓고 식빵을 양쪽으로 얹은 다음 한쪽 식빵에 슬라이스 햄, 모차렐라 치즈를 얹고 식빵을 덮는다.

❹ 남은 달걀 물을 부으면 서 식빵을 만다. 말린 식빵을 접시에 담고 시럽을 뿌린다.

2인분
요리 시간 15분

재료
달걀 2개
베이컨 4장
소금·후춧가루 약간씩

Cooking Tip
베이컨 대신 얇게 썬
햄을 이용해도 돼요.

⑩

베이컨 달걀 오븐구이

❶ 작은 크기의 오븐
용기에 베이컨을 두른다.

❷ 달걀 1개를 넣고
소금과 후춧가루를 솔솔
뿌린다.

❸ 170℃로 예열한
오븐에서 20분 정도
굽는다.

(11)

스크램블드에그 토스트

2인분
요리 시간 20분

재료
식빵 2장
달걀 2개
소금·후춧가루 약간씩
식용유 적당량
베이컨 2장
딸기잼 적당량

Cooking Tip
스크램블을 할 때에는
식용유를 넉넉히 두르고
센 불에서 재빨리 익혀야
맛이 부드러워요.

❶ 팬을 달구어 식빵을
앞뒤로 노릇하게 굽고
달걀은 잘 풀어 소금과
후춧가루를 뿌린다.

❷ 팬을 달구어
식용유를 두르고
달걀물을 넣어
젓가락으로 휘저으면서
스크램블한다.

❸ 팬을 달구어
베이컨을 넣어 앞뒤로
노릇하게 굽는다.

❹ 식빵 위에 베이컨과
스크램블드에그를
올리고 딸기잼을
곁들인다.

2인분
요리 시간 35분

주재료
핫도그 빵 2개
감자 1개
달걀 2개
마요네즈 3~4
설탕 0.5
후춧가루·소금 약간씩

감자 양념 재료
버터 1, 후춧가루·소금 약간씩

대체 식재료
핫도그 빵 ▶ 모닝빵, 식빵

Cooking Tip
감자는 껍질을 벗긴 뒤
전자레인지에 익혀서
뜨거울 때 으깨서
사용해도 좋아요.

달걀 감자
샐러드 샌드위치

❶ 감자는 껍질을
벗기고 큼직하게 썬다.
냄비에 감자를 넣고
물을 자작하게 부은 뒤
소금을 약간 넣고 10분
정도 삶는다. 감자가
익으면 버터를 넣어
섞고 소금과 후춧가루로
간을 한다.

❷ 달걀은 끓는 물에
소금을 넣고 13분 정도
삶은 뒤 찬물에 식히고
껍데기를 까서 굵게
으깬다.

❸ 감자와 달걀에
마요네즈, 설탕, 소금,
후춧가루를 넣어
섞는다.

❹ 핫도그 빵 위쪽에
칼집을 깊게 넣어 감자,
달걀 샐러드를 채워
넣는다.

13

달걀 머핀

3인분
요리 시간 30분

주재료
해시브라운
(또는 러셋 포테이토) 200g
베이컨 2줄
달걀 6개
체더치즈(또는 치즈 가루) 1/2컵
파슬리 가루 약간
올리브유 1
후춧가루·소금 약간씩

대체 식재료
해시브라운
▶ 삶은 감자, 삶은 고구마

Cooking Tip
에어프라이어를
활용해도 좋다.

❶ 해시브라운에
체더치즈와 올리브유를
넣어 섞고 소금과
후춧가루로 간을 한다.

❷ 베이컨은 잘게
다져서 팬에 넣어
노릇노릇하게 볶은 뒤
키친타월을 사용해
기름을 뺀다.

❸ 간이 된 해시브라운과
볶은 베이컨을 머핀
틀에 꼭꼭 눌러 채우고
200℃의 오븐에서
15분 정도 굽는다.

❹ 머핀 틀을 꺼내
추가로 달걀을 깨뜨려
넣고 180℃의 오븐에서
13~15분 정도 다시
굽는다. 완성된 머핀을
접시에 담고 그 위에 구운
베이컨과 파슬리 가루를
뿌린다.

2인분
요리 시간 20분

주재료
시금치 50g
소금 약간
두부 1/4모
당근 약간
달걀 3개
소금·후춧가루 약간씩
우유 3
식용유 적당량

브라운 소스 재료
우유 1/2컵
데미 카레(시판용) 2

대체 식재료
브라운 소스 ▶ 칠리소스,
토마토케첩, 토마토소스

⑭

달걀 시금치 오믈렛

❶ 시금치는 다듬어
끓는 물에 소금을 약간
넣고 데쳐서 찬물에 헹궈
적당한 크기로 썰고
두부는 칼등으로 으깨고
당근은 가늘게 채 썬다.

❷ 달걀은 소금과
후춧가루를 뿌려
잘 풀고 우유 3을 넣어
골고루 섞은 다음
시금치, 두부, 당근을
넣어 섞는다.

❸ 우유 1/2컵에 데미
카레 2를 넣고 끓여
브라운소스를 만든다.

❹ 팬에 식용유를 두르고
달걀물을 부어
스크램블하듯 저어가며
두툼한 모양으로 익혀
살짝 식으면 적당한
크기로 잘라 접시에 담고
브라운 소스를 곁들인다.

15

감자 오믈렛

2인분
요리 시간 25분

재료
달걀 2개
햄 50g
감자 1개
식용유 2
양파 1/4개
소금·후춧가루 약간씩

대체 식재료
햄 ▶ 베이컨, 새우

❶ 달걀은 곱게 풀어
소금으로 간하고 햄은
얇게 썬다.

❷ 감자는 껍질을 벗겨
납작하게 썰어
내열용기에 담아
전자레인지에서 2분
정도 익힌다.

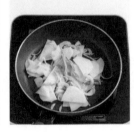

❸ 팬을 달구어
식용유 2를 두르고
햄, 감자, 채 썬 양파를
넣어 튀기듯이 볶다가
소금과 후춧가루로
간한다.

❹ 2분 정도 익혀
감자가 어느 정도 익으면
달걀물을 감자 사이사이에
골고루 부어 익힌 다음
뒤집어서 마저 익혀
적당한 크기로 썬다.

2인분
요리 시간 25분

재료
양파 1/4개
당근 1/6개
햄 50g
맛살 1개
피망 1/6개
밥 1+1/2공기
토마토케첩 0.5
후춧가루 약간
양배추 2장
치커리 약간
옥수수(통조림) 3
달걀 2개
토마토케첩 3
마요네즈 1
레몬즙 1
소금 약간
식용유 적당량

（16）

옛날 오므라이스

❶ 양파, 당근, 햄, 맛살,
피망은 다지고 팬에
식용유를 두르고 양파와
당근을 볶다가 햄, 맛살,
피망을 볶은 다음
소금으로 간한다.

❷ 채소가 익으면 밥을
넣어 볶다가 토마토케첩
0.5를 넣어 볶다가
후춧가루로 간한다.

❸ 양배추는 곱게 채
썰고 치커리는
먹기 좋게 잘라
옥수수와 섞는다.

❹ 달걀은 소금을 넣고
풀어 팬에 얇게 부쳐 밥을
넣어 타원형으로 말아
그릇에 담고 샐러드를
곁들인 뒤 토마토케첩 3,
마요네즈 1, 레몬즙 1을
섞어 끼얹는다.

⑰

베트남풍 달걀전

2인분
요리 시간 30분

주재료
밀가루 100g
카레가루 0.5
코코넛밀크 1/4컵
달걀 1개
물 1컵
돼지고기 100g
새우 4마리
숙주 1줌
실파 5대
부추 약간
식용유 적당량

양념 재료
다진 마늘 0.5
설탕 0.3
소금·후춧가루 약간씩
식용유 적당량

대체 식재료
코코넛밀크 ▶ 우유

❶ 밀가루에 카레가루, 코코넛밀크, 달걀, 물 1컵을 넣어 고루 섞는다.

❷ 돼지고기는 납작하게 썰고 새우는 손질하여 물기를 빼고 실파는 송송 썰고 부추는 먹기 좋게 썬다.

❸ 팬에 식용유를 두르고 다진 마늘 0.5를 넣어 볶다가 돼지고기와 새우를 넣고 볶고 설탕, 소금, 후춧가루로 간한다.

❹ 팬에 반죽을 한 국자씩 떠서 펴고 볶은 재료와 숙주, 실파, 부추를 넣고 뚜껑을 덮어 은근한 불로 익혀 반으로 접는다.

1인분
요리 시간 20분

주재료
양파 1/4개
달걀 2개,
밥 1공기
식용유 약간
후춧가루·소금 약간씩

대체 식재료
양파 ▶ 대파, 실파

Cooking Tip
뜨거운 밥보다는
찬밥을 달걀에 섞어주면
더 잘 풀어져서 달걀옷을
잘 입어요.

황금색
달걀볶음밥

❶ 양파는 다지고
달걀은 잘 풀어서
소금과 후춧가루로
간을 한다.

❷ 밥에 달걀 물을
넣어 잘 섞는다.

❸ 팬에 식용유를
두르고 양파를 넣어
볶는다.

❹ 준비해둔 밥을 넣어
2분 정도 볶은 후 소금,
후춧가루로 간을 한다.

달걀새우볶음

2인분
요리 시간 20분

재료
달걀 2개
맛술 1
소금·후춧가루 약간씩
새우살 1/4컵
실파 3대
식용유 적당량
다진 마늘 0.5

Cooking Tip
새우는 손질된
칵테일새우를
사용해도 되고,
중하를 적당하게 잘라
사용해도 좋아요.

❶ 달걀은 곱게 풀어
맛술 1, 소금과 후춧가루
약간씩을 넣어 간한다.

❷ 새우살은 옅은
소금물에 흔들어 씻어
물기를 제거하고 실파는
다듬어 씻어서 3cm
길이로 썬다.

❸ 팬에 식용유를 두르고
다진 마늘 0.5를 넣어
볶다가 향이 나면
새우살을 넣어 볶는다.

❹ 달걀물을
스크램블하듯 볶다가
달걀이 거의 익으면
실파를 넣고 살짝 볶는다.

2인분
요리 시간 20분

재료
달걀 2개
맛술 2
식용유 적당량
칵테일새우 1/2컵
밥 2공기
송송 썬 대파 1대분
소금·후춧가루 약간씩

대체 식재료
새우 ▶ 햄, 닭 가슴살,
돼지고기

달걀 새우 볶음밥

❶ 달걀은 잘 풀어서
맛술 2와 소금을 약간
넣어 잘 섞는다.

❷ 팬에 식용유를 두르고
달걀물을 넣어 스크램블
한다.

❸ 팬에 칵테일새우를
볶는다.

❹ 팬에 밥을 넣어 볶다가
달걀, 새우, 송송 썬
대파를 넣고 살짝 볶아
소금과 후춧가루로
간한다.

지단을 올린 꽃초밥

2인분
요리 시간 30분

주재료
밥 2공기
새우 4마리
달걀 1개
말린 톳 1
무순 1/4팩
소금 약간
식용유 적당량

톳조림 재료
간장·설탕 약간씩

단촛물 재료
식초 2
설탕 1
소금 0.3

❶ 밥은 뜨거울 때 단촛물 재료인 식초 2, 설탕 1, 소금 0.3을 넣고 고루 섞는다.

❷ 새우는 끓는 물에 살짝 데쳐 물기를 빼고 달걀은 소금을 약간 넣어 곱게 풀어 팬에 식용유를 살짝 두르고 얇게 지단을 부쳐 3cm 길이로 곱게 채 썬다.

❸ 톳은 물에 불려 간장과 설탕을 약간씩 넣어 조리고 무순은 찬물에 헹궈 물기를 뺀다.

❹ 접시에 초밥을 고루 펴 담고 달걀지단, 톳, 새우, 무순을 골고루 올린다.

2인분
요리 시간 20분

주재료
팽이버섯 1봉
김 1장
달걀 2개
실파 5대
간장·청주·참기름 0.3씩
밥 2공기
식용유 적당량
소금·후춧가루 약간씩

덮밥 국물 재료
물 2컵
다시마(5×5cm) 1장
가다랑어포 1줌(8g)
간장·맛술 3씩
설탕 0.5
소금 약간

Cooking Tip
냄비에 물과 다시마를 넣고
끓이다가 가다랑어포를
넣어 살짝 끓인 뒤 불을
끄고 그대로 두었다가
걸러서 간장, 맛술, 설탕,
소금을 넣으세요.

팽이버섯 달걀덮밥

❶ 팽이버섯은 밑동을
잘라내어 씻고
김은 불에 살짝 구워
부수고, 달걀은 곱게
풀고 실파는 송송 썬다.

❷ 팬에 식용유를
두르고 팽이버섯을
넣어 볶다가 간장 0.3,
청주 0.3, 참기름 0.3을
넣는다.

❸ 냄비에 덮밥 국물
재료를 넣고 끓이다가
김을 넣고 한소끔 끓인
다음 달걀물을 풀어
부드럽게 익혀 소금,
후춧가루, 실파를
넣는다.

❹ 그릇에 밥을 담고
덮밥 국물을 붓는다.

23

달걀마요덮밥

Cooking Tip

닭고기는 껍질째 구워야 윤기도 나고 고소한 맛이 나요.
닭고기의 기름기가 싫다면 닭 다리 대신 닭 가슴살이나 안심을 사용하세요.

2인분
요리 시간 30분

대체 식재료
닭고기 ▶ 돼지고기

주재료
밥 2공기
닭고기 100g
김·실파 약간씩
마요네즈 1

닭고기 양념 재료
간장 1
청주 1
소금·후춧가루 약간씩

달걀 소보로 재료
달걀 2개
마요네즈 1
소금 약간

덮밥 소스 재료
간장 4
맛술 2
설탕 0.5
물 1/2컵
녹말물 약간

❶ 닭고기는 칼집을 넣어
양념 재료인 간장 1, 청주 1,
소금, 후춧가루를 약간씩 넣고
양념한다.

❷ 팬에 닭고기를 넣어 속까지
익히고 먹기 좋은 크기로 썬다.

❸ 달걀은 잘 풀어서
마요네즈 1과 소금 약간을
넣고 섞어 팬을 달구어
식용유를 두르고
스크램블한다.

❹ 김은 채 썰고 실파는
송송 썬다.

❺ 냄비에 덮밥 소스 재료인
간장 4, 맛술 2, 설탕 0.5,
물 1/2컵을 넣고 바글바글
끓으면 녹말물을 넣어
걸쭉하게 만든다.

❻ 밥에 달걀과 닭고기를
올리고 소스와 마요네즈 1을
뿌린 다음 실파와 김가루를
뿌린다.

(24)

달걀말이를 올린 주먹밥

2인분
요리 시간 25분

주재료
달걀 3개
밥 1공기
후리가케 2
김 1/2장
식용유 적당량

달걀 양념 재료
맛술 2
소금 약간

대체 식재료
후리가케 ▶
김+깨+말린 새우+소금

Cooking Tip
후리가케는 김, 깨,
가다랑어포, 소금 등을
섞은 양념으로 밥에
비벼 먹거나
뿌려 먹어요.

❶ 사각팬에 식용유를
두르고 맛술 2, 소금
약간을 넣고 소금을
녹인 후 달걀물을 넣어
돌돌 말아 익힌다.

❷ 달걀말이를 김발에
싸서 모양을 잡아
식으면 어슷하게 썬다.

❸ 밥에 후리가케를 넣어
한입 크기로 뭉친다.

❹ 김은 1cm 길이로
썰어 밥 위에 달걀말이를
올려 김으로 띠를 두른다.

2인분
요리 시간 30분

주재료
말린 톳 2
유부 2장
달걀 1개
소금 약간
밥 2공기
참기름·통깨·소금 약간씩

양념 재료
간장 1.5
맛술 1
설탕 0.5

㉕

달걀 톳조림 주먹밥

❶ 톳은 물에 5분 정도
불려 물기를 빼고
유부는 잘게 다진다.

❷ 냄비에 양념 재료인
간장 1.5, 맛술 1,
설탕 0.5를 넣고 끓여
톳과 유부를 넣어 3분
정도 조린다.

❸ 달걀은 소금을 약간
넣어 잘 풀고 팬을
달구어 스크램블한다.

❹ 밥을 따뜻하게 데워서
준비한 재료를 섞어
참기름과 통깨를 넣고
소금으로 간하여 삼각형
모양으로 만든다.

돈가스 달걀덮밥

Cooking Tip
돈가스용 돼지고기는 등심을 사용하는 것이 좋아요.
양념을 할 때 카레가루나 향신료를 뿌렸다가 튀김옷을 입히면
여러 가지 맛의 돈가스를 만들 수 있어요. 미리 만들어 랩이나
비닐백에 1장씩 싸서 냉동 보관했다가 꺼내 사용하세요.

2인분
요리 시간 30분

대체 식재료
달래 ▶ 부추

돈가스 재료
돼지고기(등심) 4조각
소금·후춧가루 약간씩
밀가루 1/2컵
달걀 1개
빵가루 1컵
식용유 적당량

달걀 덮밥 재료
달걀 1개
양파 약간
버섯 약간
홍고추 1/4개
실파 2대
밥 2공기

덮밥 국물 재료
가다랑어포 국물 1컵
간장 2
맛술 2
설탕 0.3

두부돼지고기는 소금과
후춧가루로 간하여 밀가루,
달걀, 빵가루 순으로 튀김옷을
입힌다.

❷ 돼지고기는 170℃의
튀김기름에 노릇하게 튀긴다.

❸ 달걀은 잘 풀고 양파, 버섯,
홍고추는 채 썰고, 실파는
3cm 길이로 썬다.

❹ 냄비에 가다랑어포 국물
1컵을 넣고 끓어오르면
간장 2, 맛술 2, 설탕 0.3을
넣는다.

❺ 양파와 버섯을 덮밥 국물에
넣어 끓이다가 달걀을 넣어
살짝 익히고 채 썬 실파와
홍고추를 넣는다.

❻ 그릇에 밥을 담고 돈가스를
썰어 올리고 덮밥 국물을
붓는다.

달걀그물볶음밥

2인분
요리 시간 30분

재료
밥 1공기
채소(양파, 당근, 옥수수 등) 1/4컵
식용유 적당량
소금 약간
참기름 0.5
깨소금 0.3
달걀 1개
햄(통조림) 1/4통
토마토케첩 적당량

Cooking Tip
채소는 양파, 당근,
옥수수, 피망, 완두콩 등
식성에따라 준비하세요.

❶ 밥은 따끈하게
준비하고 채소는 굵게
다진다.

❷ 팬에 식용유를
두르고 다진 채소를
넣어 볶다가 밥을
넣어 볶고 소금으로
간하고 참기름 0.5와
깨소금 0.3을 뿌려
그릇에 담는다.

❸ 달걀은 소금을 약간
넣어 풀고 체에 걸러
튜브에 담아서 팬을
달구어 식용유를 두르고
에그네트를 만든다.

❹ 에그네트에 볶은 밥을
만다. 햄은 도톰하게 썰어
팬에 지지고 모양틀로
찍어 밥 위에 장식하고
토마토케첩을 뿌린다.

2인분
요리 시간 40분

오므라이스 재료
당근 1/6개
양파 1/2개
피망 1/2개
식용유 적당량
밥 1공기
달걀 3개
우유 3
소금·후춧가루 약간씩

카레 소스 재료
피망·빨강 피망 1/4개씩
양파 1/4개
식용유 적당량
칵테일새우 5마리
맛술 1
물 1/2컵
카레가루 3
우유 1컵
소금 약간

카레 소스를 곁들인 오므라이스

[오므라이스]

[카레 소스]

❶ 당근, 양파, 피망은 먹기 좋은 크기로 썰고 팬에 당근을 넣어 볶다가 양파와 피망을 넣어 볶은 다음 밥을 넣어 볶다가 소금과 후춧가루로 간한다.

❷ 달걀을 잘 풀어서 우유 3을 섞고 소금과 후춧가루로 간하고 반씩 나누어 부드럽게 스크램블하여 볶은 밥을 넣어 오믈렛을 만든다.

❶ 피망, 빨강 피망, 양파는 한입 크기로 썰고 팬에 식용유를 두르고 칵테일새우를 넣어 볶다가 맛술 1을 넣고 채소를 넣어 볶다가 물 1/2컵을 붓고 거품을 걷어내며 끓인다.

❷ 재료가 다 익으면 카레가루 3을 넣어 잘 풀고 우유 1컵을 넣고 살짝 끓이다가 소금으로 간하여 오믈렛에 끼얹는다.

29

달걀두부토스트

2인분
요리 시간 15분

주재료
두부 1/2모
달걀 2개
대파 1/4대
김 1/4장
식용유 약간

양념 재료
간장 2
참기름 0.5
고춧가루 0.3

❶ 두부는 2cm 두께로 썰고 네모 또는 동그란 모양으로 속을 파낸다.

❷ 팬을 달구어 식용유를 두르고 두부를 넣고 두부를 파낸 공간에 달걀을 넣고 뚜껑을 덮어 약한 불로 앞뒤로 노릇하게 지진다.

❸ 대파는 곱게 채 썰고 김은 가위로 가늘게 자른다.

❹ 간장 2, 참기름 0.5, 고춧가루 0.3을 섞어 양념장을 만들어 토스트에 곁들이고 대파와 김을 뿌린다.

2인분
요리 시간 25분

재료
햄(통조림) 1/2개
식용유 약간씩
달걀 2개
소금·후춧가루 약간씩
보리밥 2공기
볶은 김치 약간

㉚

햄과 달걀 프라이 도시락

❶ 햄은 도톰한 두께로
먹기 좋게 썬다.

❷ 팬에 식용유를 두르고
달걀 프라이를 해서
소금과 후춧가루를
뿌린다.

❸ 햄도 노릇하게
지진다.

❹ 도시락이나 그릇에
보리밥을 담고 달걀과
햄을 올리고 볶은 김치를
곁들인다.

달걀말이 채소 김밥

Cooking Tip

밥은 뜨거울 때 간을 맞추고 완전히 식기 전에 김밥을 싸면 잘 싸져요.
김밥을 쌀 때 소 재료는 익혀서 완전히 식힌 다음 김밥을 싸야 쉽게 상하지
않아요. 달걀이 완전히 익은 상태에서는 김밥과 밀착되지 않으므로 반 정도
익은 상태에서 말아주는 것이 좋고 굴려가면서 달걀을 완전히 익히세요.

2인분
요리 시간 30분

대체 식재료
시금치 ▶ 오이, 부추

주재료
당근 1/3개
햄(김밥용) 2줄
시금치 1/4단
단무지 2줄
밥 2공기
달걀 2개
소금 약간
청주 1
김(김밥용) 2장

시금치 양념 재료
참기름 약간
통깨 약간
소금 약간

밥 양념 재료
소금 약간
참기름 약간

❶ 당근은 채 썰어 팬을 달구어 식용유를 두르고 볶아 소금으로 간하고 햄은 살짝 볶는다.

❷ 시금치는 다듬어 끓는 소금물에 살짝 데쳐 물기를 꽉 짜서 참기름과 통깨를 뿌리고 소금으로 간해서 무친다.

❸ 밥에 소금과 참기름을 넣어 버무린다.

❹ 김밥용 김에 밥, 햄, 단무지, 당근, 시금치를 올리고 단단하게 김밥을 만다.

❺ 그릇에 달걀을 풀고 소금 약간과 청주 1을 넣어 섞는다.

❻ 팬에 식용유를 두르고 달걀물을 1/3 정도 부어 반쯤 익으면 김밥을 올려 재빨리 돌돌 말아 한 김 식혀 한입 크기로 썬다.

달걀 조개죽

2인분
요리 시간 35분

재료
쌀 1/2컵
모시조개 100g
실파 2대
참기름 약간
물 3컵
달걀 1개
달걀노른자 1개
소금·깨소금 약간씩

대체 식재료
모시조개
▶ 새우살, 바지락, 홍합살

❶ 쌀은 씻어서 불리고 모시조개는 소금물에 담가 해감하고 실파는 송송 썬다.

❷ 냄비에 참기름을 두르고 쌀을 넣어 5분 정도 볶다가 물 3컵을 붓고 끓인다.

❸ 쌀알이 퍼지면 모시조개를 넣어 끓이다가 달걀 1개를 잘 풀어서 넣고 실파를 넣고 소금으로 간한다.

❹ 그릇에 죽을 담고 가운데 달걀노른자를 올리고 깨소금을 뿌린다.

2인분
요리 시간 20분

재료
게살 1/2줌
팽이버섯 1/2봉
실파 2대
물 3컵
청주 1
굴소스 0.3
소금 약간
녹말물 2
달걀흰자 2개분
후춧가루·참기름 약간씩

대체 식재료
게살 ▶ 게맛살

③③

달걀 게살 수프

❶ 게살은 잘게 찢고
팽이버섯과 실파는 먹기
좋게 썬다.

❷ 냄비에 물 3컵을
부어 끓이다가 청주 1과
굴소스 0.3을 넣어
끓이고 게살과 버섯을
넣어 끓이다가
소금으로 간한다.

❸ 국물이 끓으면
실파를 넣고
녹말물 2를 풀어 넣어
농도를 맞춘다.

❹ 달걀흰자를 조금씩
넣으면서 천천히 젓다가
후춧가루와 참기름을
뿌린다.

북어 달걀국

2인분
요리 시간 30분

주재료
북어채 1줌
달걀 1개
대파 1/2대
국간장 1
소금·후춧가루 약간씩
물 4컵

북어 양념 재료
다진 마늘 0.3
참기름 0.5
소금·후춧가루 약간씩

Cooking Tip
달걀은 오래 익히면
단단해지니 살짝만
익히세요.

❶ 북어채는 먹기 좋은 크기로 잘라 찬물에 담갔다 건져서 물기를 짜고 양념 재료인 다진 마늘 0.3, 참기름 0.5, 소금과 후춧가루 약간씩을 넣어 버무린다.

❷ 달걀은 흰자와 노른자가 고루 섞이도록 잘 풀고 대파는 어슷하게 썬다.

❸ 냄비에 북어를 넣고 달달 볶다가 물을 넣어 끓인 다음 국간장 1을 넣고 끓여 북어 국물이 잘 우러나면 대파를 넣는다.

❹ 달걀을 넣고 살짝 익히다가 소금과 후춧가루로 간한다.

2인분
요리 시간 25분

재료
부추 50g
홍고추 1/2개
달걀 2개
소금 약간
청주 0.3
멸치 국물 4컵

Cooking Tip
달걀물을 붓고 나서는
젓지 말고 그대로 두어야
국물이 탁해지지 않아요.

35

부추 달걀국

❶ 부추는 3cm 길이로
썰고 홍고추는 어슷하게
썬다.

❷ 달걀은 멍울 없이
잘 풀고 소금 약간과
청주 0.3으로 간한다.

❸ 달걀물에
부추를 넣고
가볍게 섞는다.

❹ 멸치 국물에 부추
달걀물을 부어 3분 정도
끓이다가 달걀이 익으면
홍고추를 넣고 불을 끈다.

달걀 오징어 간장조림

Cooking Tip
조림에 양념을 할 때는 참기름은
맨 마지막에 두르세요. 미리 넣으면 향이
날아가고 조림을 마무리할 때 넣어야
향도 남고 윤기도 나요.

2인분
요리 시간 30분

주재료
달걀 3개
오징어 1마리
풋고추 1개
참기름 약간

조림장 재료
물 1/2컵
다시마(5×5cm) 1장
간장 3
물엿 1
설탕 0.5

대체 식재료
오징어 ▶ 마른 오징어

❶ 달걀은 끓는 물에 소금을 넣고 13분 정도 삶는다.

❷ 삶은 달걀을 찬물에 헹궈 껍질을 벗긴다.

❸ 오징어는 칼집을 내서 먹기 좋은 크기로 썬다.

❹ 오징어를 끓는 물에 살짝 데치고 풋고추는 어슷하게 썬다.

❺ 조림장 재료인 물 1/2컵, 다시마 1장, 간장 3, 물엿 1, 설탕 0.5를 섞어 끓인다.

❻ 조림장이 끓으면 달걀과 오징어를 넣어 조리다가 국물이 거의 졸아들면 참기름을 약간 두르고 섞는다.

달걀 유부주머니조림

Cooking Tip
사용하고 남은 유부는 채 썰어 볶음 요리나 나물을 무칠 때
넣으면 수분을 흡수하여 물기가 생기지 않는 요리를 만들 수 있어요.
또 된장찌개에 넣으면 고소한 맛을 내요. 사용하고 남은 유부를
장기간 보관할 때에는 냉동 보관하세요.

2인분
요리 시간 30분

주재료
통유부 4장
미나리 4줄기
두부 1/6모
당근 1/8개
풋고추 1/2개
불린 당면 20g
소금·후춧가루 약간씩
달걀(작은 것) 4개

조림장 재료
간장 4
맛술 2
다시마 우린 물 1컵
설탕 1
참기름 0.3

대체 식재료
다시마 우린 물
▶ 멸치 국물,
가다랑어포 국물,
멸치 한스푼

❶ 유부는 통으로 준비하여 한 쪽 끝을 잘라 끓는 물에 데쳐 찬물에 헹군 다음 물기를 꼭 짠다.

❷ 미나리는 줄기만 다듬고 살짝 데쳐서 찬물에 헹군다.

❸ 두부는 칼등으로 으깨어 물기를 짜고 당근, 풋고추, 불린 당면은 다져서 두부와 섞고 소금과 후춧가루로 간한다.

❹ 유부 주머니에 소를 넣고 달걀 1개를 깨서 조심스럽게 유부 속에 넣는다.

❺ 데친 미나리로 유부 주머니의 윗부분을 묶는다.

❻ 냄비에 조림장 재료인 간장 4, 맛술 2, 다시마 우린 물 1컵, 설탕 1, 참기름 0.3을 넣어 끓이다가 유부주머니를 넣고 국물이 바특해질 때까지 약한 불로 졸인다.

달걀 장조림

2인분
요리 시간 30분

주재료
달걀 5개
채 썬 쇠고기 50g
소금 약간

양념 재료
물 1컵
간장 3
설탕 1
물엿 1
후춧가루 약간

대체 식재료
물엿 ▶ 꿀, 올리고당

Cooking Tip

달걀을 삶을 때는 달걀이
잠기도록 물을 붓고
노른자가 가운데로 가도록
물이 끓을 때까지 달걀을
굴리는 게 좋아요. 육류는
물기를 잘 제거하지 않으면
누린내가 나는 원인이 되니
키친타월을 이용해
잘 제거해서 사용하세요.

❶ 달걀은 찬물에
소금을 넣고 13분 정도
완숙으로 삶아 바로
찬물에 담가
껍질을 벗긴다.

❷ 쇠고기는 키친타월을
이용해 물기를 잘
제거한다.

❸ 양념 재료인 물 1컵,
간장 3, 설탕 1, 물엿 1,
후춧가루 약간을 넣고
바글바글 끓으면 달걀을
넣어 조린다.

❹ 달걀에 양념이 배면
은근한 불로 줄이고
쇠고기를 넣고 국물이
거의 바특해질 때까지
조린다.

2인분
요리 시간 20분

재료
양파 1/4개
피망 1/4개
햄(통조림) 1/4개
소금 약간
밥 1공기
달걀 2개
밀가루 1
식용유 적당량

대체 식재료
밀가루 ▶ 부침가루

39
달걀밥전

❶ 양파, 피망, 햄은
잘게 다져 팬에
식용유를 두르고 볶아
소금으로 간한다.

❷ 볶은 채소와 밥에
달걀을 넣고 고루
섞는다.

❸ 밀가루 1을 넣고
잘 섞어서 소금으로
간한다.

❹ 팬을 달구어 식용유를
두르고 반죽을
한 숟가락씩 떠 넣어
앞뒤로 노릇하게 부친다.

40

일본풍 달걀 해물전

2인분
요리 시간 30분

주재료
새우살 1/2컵
오징어 1/2마리
양배추 3장
당근 1/6개
대파 1/2대
빵가루 1/4컵
달걀 2개
밀가루 2
맛술 1
소금·후춧가루 약간씩
식용유 적당량

소스 재료
마요네즈 2
토마토케첩 2

❶ 새우살은 굵게 다지고
오징어도 다지고
양배추와 당근은 잘게
채 썰고 대파는 송송
썬다.

❷ 마요네즈 2와
토마토케첩 2를 섞어
소스를 만든다.

❸ 볼에 빵가루와
달걀을 넣고 밀가루와
준비한 재료를 넣어
잘 섞은 다음 맛술 1,
소금과 후춧가루
약간씩으로 간한다.

❹ 팬을 달구어 식용유를
두르고 반죽을 한 국자씩
떠 넣고 앞뒤로 노릇하게
지져 그릇에 담고 소스를
뿌린다.

2인분
요리 시간 20분

재료
두부 1/4모
참치(통조림) 1개
홍고추·풋고추 1/2개씩
달걀 1개
밀가루 2
소금·후춧가루 약간씩
식용유 적당량

대체 식재료
참치 ▶ 새우살, 조갯살

달걀 두부 참치전

41

❶ 두부는 칼등으로
으깨어 면포에 싸서
물기를 꼭 짜고 참치는
기름기를 쏙 빼서 두부
와 섞는다.

❷ 홍고추와 풋고추는
잘게 다진다.

❸ 두부와 참치에
홍고추, 풋고추, 달걀을
넣어 섞고 밀가루로
농도를 조절한 다음
소금과 후춧가루로
간한다.

❹ 팬을 달구어 식용유를
두르고 반죽을
한 숟가락씩 떠 넣고
앞뒤로 노릇하게 지진다.

42

달걀 쇠고기튀김

Cooking Tip
다진 쇠고기에 양념하고
잘 치대서 달걀에 입혀야 튀길 때
부스러지지 않고 잘 튀겨져요.

2인분
요리 시간 35분

주재료
달걀 4개
소금 약간
다진 쇠고기 100g
밀가루 1/4컵
달걀 1개
빵가루 1컵
식용유 적당량
파슬리 약간

쇠고기 양념 재료
다진 양파 2
소금·후춧가루 약간씩

대체 식재료
쇠고기 ▶ 돼지고기

❶ 달걀은 찬물에 소금을 넣고
13분 정도 완숙으로 삶아
바로 찬물에 담갔다가 껍질을
벗긴다.

❷ 다진 쇠고기에 다진 양파 2,
소금과 후춧가루 약간씩을
넣고 치댄다.

❸ 삶은 달걀에 밀가루를
묻히고 쇠고기 반죽으로
감싼다.

❹ 밀가루, 달걀물, 빵가루
순으로 튀김옷을 입힌다.

❺ 튀김옷을 입힌 달걀을
170℃의 튀김기름에 노릇하게
튀긴다.

㊸

옛날 함박스테이크

2인분
요리 시간 40분

주재료
양파 1/4개
식용유 적당량
다진 쇠고기 100g
다진 돼지고기 100g
빵가루 1/2컵
달걀 1/2개
달걀 2개
소금·후춧가루 약간씩
돈가스 소스 적당량

쇠고기 양념 재료
토마토케첩 1
우유 1
다진 마늘 0.5
소금·후춧가루 약간씩

대체 식재료
다진 마늘 ▶ 마늘 소스

❶ 양파는 잘게 다져서 팬에 식용유를 두르고 볶아 식힌다.

❷ 볼에 토마토케첩 1, 우유 1, 다진 마늘 0.5, 소금과 후춧가루 약간씩을 넣고 섞어 쇠고기와 돼지고기를 넣어 버무리다가 양파, 빵가루, 달걀을 넣어 끈기 나게 치댄다.

❸ 반죽을 반으로 나누어 동글납작하게 빚어서 팬을 달구어 식용유를 두르고 앞뒤로 노릇하게 지져 접시에 담는다.

❹ 달걀 프라이는 소금과 후춧가루로 간하여 함박 스테이크에 올리고 돈가스 소스를 곁들인다.

2인분
요리 시간 30분

주재료
달걀 2개
샐러드 채소 적당량
브로콜리 1/4송이
알감자 4개
올리브 4개
소금 약간

안초비 드레싱 재료
안초비 1마리
마요네즈 3
다진 양파 2
소금·후춧가루 약간씩

Cooking Tip
안초비는 염장한 멸치로
통조림으로 판매해요.
짠맛이 강하므로
조금만 넣으세요.

44

달걀 샐러드와
안초비 드레싱

❶ 달걀은 찬물에
소금을 넣고 13분 정도
완숙으로 삶아
찬물에 담갔다가 껍질을
벗기고 세로로
4등분한다.

❷ 샐러드 채소는
찬물에 담가두었다가
체에 밭쳐 물기를 뺀다.

❸ 브로콜리는 한입
크기로 잘라 끓는 물에
소금을 넣고 데쳐 찬물에
헹구어 물기를 빼고
알감자는 반으로 잘라
끓는 물에 소금을 넣어
삶고 올리브는 반으로
썬다.

❹ 안초비 1마리는 다져
마요네즈 3과 다진 양파
2를 넣어 드레싱을
만들고 달걀, 감자,
브로콜리, 올리브를 넣어
버무려서 샐러드 채소에
곁들인다.

45

지단 실파 강회

2인분
요리 시간 25분

주재료
달걀 2개
소금 약간
실파 100g
소금 약간

초고추장 재료
고추장 2
식초 1.5
설탕 1
맛술 0.5

대체 식재료
실파 ▶ 미나리

Cooking Tip
실파는 잎이 지나치게
굵거나 뻣뻣하지 않은
것으로 고르세요.

❶ 달걀은 흰자와
노른자를 분리하여
소금을 약간 넣고 풀어
각각 두툼하게 지단을
부쳐 젓가락 두께로
썬다.

❷ 실파는 끓는 물에
소금을 넣고 살짝 데쳐
물기를 뺀다.

❸ 달걀의 흰자와
노른자 지단을 하나씩
겹쳐 실파로 돌돌 만다.

❹ 고추장 2, 식초 1.5,
설탕 1, 맛술 0.5를 섞어
초고추장을 만들어
곁들인다.

2인분
요리 시간 20분

주재료
숙주 2줌(150g)
달걀 1개
통깨·소금 약간씩
송송 썬 실파 약간

양념 재료
간장 1
식초 2
설탕 1.5
다진 마늘 0.5

46

달걀숙주냉채

❶ 숙주는 끓는 물에
살짝 데쳐 찬물에 헹궈
물기를 뺀다.

❷ 달걀은 소금을 넣고
잘 풀어 지단을 부쳐서
한 김 식히고 채 썬다.

❸ 양념 재료인 간장 1,
식초 2, 설탕 1.5,
다진 마늘 0.5를 섞는다.

❹ 숙주와 지단을 섞고
양념장을 넣어 살살
버무려 그릇에 담고
실파를 뿌린다.

47

색색 달걀 오절판

Cooking Tip

오절판은 다섯 가지 재료를
밀전병에 싸 먹는 음식을 말해요.
다섯 가지 재료에 해산물, 육류,
버섯 등을 더하면 칠절판, 구절판을
만들 수 있어요. 밀전병 대신
무절임을 준비해도 좋아요.

2인분
요리 시간 25분

주재료
달걀 2개
오이 1/2개
당근 1/4개
소금 약간
밀가루 1/2컵
물 3/4컵

겨자 초장 재료
발효겨자 0.5
물 1
식초 1.5
설탕 1
소금 약간

대체 식재료
오이 ▶ 피망

❶ 달걀은 흰자와 노른자를 분리하여
소금을 넣고 잘 풀어 각각 지단을
부쳐 채 썬다.

❷ 오이는 돌려깎기해서 채 썰고
당근도 채 썰어 팬에 볶아 소금으로
간한다.

짤막 정보

구절판
여덟 칸으로 나뉜
구절판찬합에 여덟
가지 재료를 담고
가운데 둥근 칸에
밀전병을 담아두고
전병에 재료를 싸 먹는
우리 고유의 음식.

❸ 밀가루는 소금을 약간 넣고
물 3/4컵을 부어 반죽하여 얇게
전병을 부친다.

❹ 준비한 재료를 돌려 담고
발효겨자 0.5, 물 1, 식초 1.5, 설탕 1,
소금 약간을 섞어 겨자 초장을 만들어
곁들인다.

돌돌 말아 구운 짜춘권

Cooking Tip
짜춘권은 기름을 넉넉하게 두른 팬에 달걀을 넣고 노릇하게
지지기도 하지만 튀김기름에 튀겨서 만들기도 해요. 튀길 때에는
달걀지단이 풀어지지 않도록 단단하게 싸서 짜춘권을 만드세요.

2인분
요리 시간 30분

재료
달걀 2개
소금 약간
녹말물 1(물 1+녹말가루 0.5)
새우 30g
돼지고기(등심) 50g
양파 1/2개
표고버섯 2개

대파·생강 약간씩
식용유 적당량
부추 30g
간장 1
후춧가루·참기름 약간씩
밀가루 1

대체 식재료
표고버섯 ▶ 느타리버섯,
새송이버섯

❶ 달걀은 소금을 약간 넣어 잘 풀고 녹말물 1을 넣어 넓은 지단을 2장 부치고 새우는 껍질을 벗겨 내장을 제거하고 돼지고기, 양파, 표고버섯, 생강, 대파는 채 썰고 부추는 3cm 길이로 썬다.

❷ 팬을 달구어 식용유를 두르고 채 썬 생강과 대파를 볶아 향을 낸 다음 돼지고기, 양파, 표고버섯을 넣고 볶다가 새우와 부추를 넣고 가볍게 볶아 간장 1로 간한다.

❸ 불을 끄고 후춧가루와 참기름을 약간씩 넣고 잘 섞는다.

❹ 밀가루 1에 물을 약간 넣고 섞어 밀가루풀을 만든다.

❺ 달걀지단을 펼치고 소 재료를 얹어 김밥을 싸듯이 단단하게 말아 가장자리에 밀가루풀을 묻혀 붙인다.

❻ 팬을 달구어 식용유를 두르고 짜춘권을 넣어 약한 불로 고루 익혀 2~3cm 길이로 썰어 그릇에 담는다.

스크램블드에그를 곁들인 태국식 팟타이

2인분
요리 시간 30분

주재료
오징어 1/4마리
새우 4마리
양파 1/4개
양배추 1장
숙주 1줌
청양고추·홍고추 1/2개씩
마늘 2쪽
쌀국수 120g
달걀 1개
식용유 적당량
고추기름 1

양념 재료
굴소스 1
칠리소스 1
청주·녹말물 1
까나리액젓 0.5
고춧가루 0.5
참기름·후춧가루 약간씩

대체 식재료
까나리액젓 ▶ 피시 소스

❶ 오징어는 칼집을 내서 채 썰고 새우, 양파, 양배추도 채 썰고 숙주는 꼬리를 떼고 청양고추와 홍고추는 어슷하게 썰고 마늘은 얇게 저민다.

❷ 쌀국수는 찬물에 30분 정도 불려 물기를 빼고 달걀은 팬을 달구어 식용유를 두르고 스크램블한다.

❸ 팬을 달구어 식용유와 고추기름 0.5를 두르고 양파와 마늘을 넣어 볶다가 새우와 오징어를 넣어 볶고 오징어가 익기 시작하면 숙주, 양배추, 청양고추, 홍고추를 넣고 볶는다.

❹ 채소가 다 익기 전에 쌀국수, 스크램블한 달걀, 굴소스 1, 칠리소스 1, 청주와 녹말물 1씩, 까나리액젓 0.5, 고춧가루 0.5, 참기름과 후춧가루 약간씩을 넣고 살짝 볶는다.

2인분
요리 시간 25분

재료
양파 1/6개
감자 1개
당근 1/8개
햄 50g
애호박 1/6개
달걀 1개
식용유 적당량
물 3컵
카레가루 4

50

카레 달걀 소스

❶ 양파, 감자, 당근, 햄,
애호박은 먹기 좋은
크기로 깍둑썰기한다.

❷ 달걀은 곱게 푼다.

❸ 팬을 달구어
식용유를 두르고
준비한 재료를 넣고
5분 정도 볶다가
물 3컵을 부어 끓이다가
카레가루 4를 넣어
잘 푼다.

❹ 감자가 익으면
달걀물을 조금씩
넣어가며 저어 적당한
농도가 되면 불을 끈다.

（51）

달걀 바게트 피자

2인분
요리 시간 30분

재료
달걀 2개
소금 약간
블랙 올리브 4개
피망 1/2개
바게트 1/2개
토마토소스 4
피자 치즈 1컵

대체 식재료
바게트 ▶ 식빵

❶ 달걀은 찬물에
소금을 넣고 13분 정도
완숙으로 삶아 껍질을
벗겨 슬라이스 한다.

❷ 블랙 올리브는
납작하게 썰고, 피망은
굵게 다진다.

❸ 바게트에 토마토소스
4를 바른 후 달걀을
올리고 블랙 올리브와
피망을 골고루 뿌린다.

❹ 피자 치즈를 뿌리고
220℃로 예열한 오븐에서
10분 정도 노릇하게
굽는다.

2인분
요리 시간 20분

재료
팽이버섯 1/2봉
양파·피망·당근 약간씩
옥수수 약간
삶은 달걀 2개
토르티야 2장
토마토소스 1/4컵
피자 치즈 1컵

대체 식재료
팽이버섯 ▶ 새송이버섯,
양송이버섯

(52)

팽이버섯 달걀 피자

❶ 팽이버섯은 밑동을
잘라내고 3cm 길이로
썰고 양파, 피망, 당근은
옥수수 알갱이 크기로
썬다.

❷ 달걀은 삶아서
세로로 4등분한다.

❸ 토르티야에
토마토소스 1/4컵을
바르고 채소와
팽이버섯을 골고루
뿌린다.

❹ 삶은 달걀을 얹고
피자 치즈 1컵을 골고루
뿌린 다음 200℃로
예열한 오븐에서 8분
정도 구워 돌돌 만다.

베이컨 베네딕트

Cooking Tip
베네딕트는 베이컨과 수란에 홀랜다이즈 소스를 곁들여요.
홀랜다이즈 소스는 버터를 녹여서 버터에서 뜨는 지방을 걷어내고
달걀노른자에 넣어 중탕하듯이 저어서 만드는데 소금과 후춧가루로
간해요. 이 소스는 연어 요리나 채소 요리에 잘 어울려요.
홀랜다이즈 소스 대신 허니 머스터드를 곁들여도 좋아요.

2인분
요리 시간 30분

주재료
잉글리시 머핀 2개
베이컨 2장
달걀 2개
소금·식초 약간씩

허니 머스터드 소스 재료
녹인 버터 2
꿀 1
머스터드 1

대체 식재료
잉글리시 머핀 ▶ 모닝롤,
하드롤

❶ 잉글리시 머핀과 베이컨은
팬을 달구어 앞뒤로 노릇하게
굽는다.

❷ 냄비에 넉넉하게 물을 부어
소금을 약간 넣고 끓이다가
식초를 약간 넣어 끓인다.

❸ 국자에 살짝 기름을 바르고
달걀을 깨뜨려 넣어 국자
밑바닥만 끓는 물에 닿게 한 후
숟가락을 이용해서 달걀
윗부분에 끓는 물을 살살 끼
얹어가며 흰자를 살짝 익힌다.

❹ 달걀 흰자에 막이 생기면
국자를 끓는 물속에 담가
1~2분 정도 익혀 꺼낸다.

❺ 녹인 버터 2, 꿀 1,
머스터드 1을 섞어 허니
머스터드 소스를 만든다.

❻ 잉글리시 머핀 위에
베이컨과 수란을 얹고 허니
머스터드 소스를 곁들인다.

(54)

삶은 달걀과
찜질방 달걀

2인분
요리 시간 25분

재료
달걀 4개
소금 약간

Cooking Tip
스팀 오븐이 없으면
달걀을 쿠킹포일로 싸서
일반 오븐에 넣고
200℃에서 20분 정도
굽거나 슬로쿠커에서
굽듯이 익히세요.

[삶은 달걀 만드는 법]   [찜질방 달걀 만드는 법]

❶ 냄비에 찬물을 붓고
소금을 약간 넣는다.

❷ 달걀을 넣고 13분
정도 완숙으로 삶는다.

❶ 오븐팬에 달걀을
올린다.

❷ 140℃의 스팀
오븐에서 20~25분
정도 굽는다.

2인분
요리 시간 30분

재료
햄 100g
양송이버섯 2개
피망·빨강 피망 1/4개씩
양파 1/4개
달걀 3개
우유 2
식용유 적당량
소금·후춧가루 약간씩
파르메산 치즈가루 약간
파슬리가루 약간

프리타타

❶ 햄, 양송이버섯, 피망,
빨강 피망 양파는 한입
크기로 자른다.

❷ 달걀은 잘 풀어
알끈을 제거하고
우유 2를 넣어 섞는다.

❸ 팬에 식용유를 두르고
햄과 채소를 넣어 볶아
소금과 후춧가루로
간한다.

❹ 내열용기 안쪽에
기름을 바르고 볶은
채소와 달걀물을 부은 후
후춧가루, 파르메산
치즈가루, 파슬리가루를
뿌려 170℃로 예열한
오븐에서 20~25분 정도
굽는다.

Index

두부

콩나물

달걀

Petit Recipe

전자레인지 달걀찜

재료 (2인분)
달걀 3개, 다시마 우린 물(또는 물) 1/2
컵, 소금 약간, 당근 10g, 양파 10g, 실
파 1대

만드는 법
1. 내열 용기에 달걀을 깨어 풀고 다시
   마 우린 물을 섞는다.
2. 당근과 양파는 다지고 실파는 송 썰
   어 달걀물에 넣고 소금으로 간한다.
3. 전자레인지에 넣어 5분 정도 익힌다.
   (800W)."

두부 콩나물 달걀

짤막 정보

이 책에서 사용한 그릇들

공방 비즐 0507-1372-7940

공방 이룸 031-775-8342

토판 031-631-8034

맛있는
두콩달

개정1판 1쇄 | 2024년 3월 25일

지은이 | 이미경

발행인 | 유철상
기획 · 푸드 스타일링 | 조경자
편집 | 김정민, 김수현
디자인 | 주인지, 노세희
사진 | 박인경, 황승희(41 · 44 · 56 · 70 · 100 · 116 · 127 · 147 · 196쪽)
요리 어시스트 | 송민경, 양성미, 이정은
일러스트 | Sugartree
마케팅 | 조종삼, 김소희
콘텐츠 | 강한나

펴낸곳 | 상상출판
등록 | 2009년 9월 22일(제305-2010-02호)
주소 | 서울특별시 성동구 뚝섬로17가길 48, 성수에이원센터 1205호(성수동2가)
전화 | 02-963-9891(편집), 070-7727-6853(마케팅)
팩스 | 02-963-9892
전자우편 | sangsang9892@gmail.com
홈페이지 | www.esangsang.co.kr
블로그 | blog.naver.com/sangsang_pub
인쇄 | 다라니
종이 | ㈜월드페이퍼

ISBN 979-11-6782-191-1 (13590)
© 2024 이미경

www.esangsang.co.kr